工学结合·基于工作过程导向的项目化创新系列教材
国家示范性高等职业教育土建类"十三五"规划教材

建筑工程质量 与安全管理

JIANZHU
GONGCHENG ZHILIANG
YU ANQUAN GUANLI

王胜　编著

华中科技大学出版社
http://www.hustp.com
中国·武汉

内 容 简 介

本书包括建筑工程施工质量验收统一标准、地基与基础工程质量控制与验收、主体结构工程质量控制与验收、屋面工程质量控制与验收、建筑装饰装修工程质量控制与验收以及建筑工程安全管理等六部分内容。

本书主要供高等职业技术学校与中等职业技术学校的建筑工程技术专业及相关专业教师与学生使用,也可供从事工程建设的工程技术人员使用。

为了方便教学,本书还配有电子课件等教学资源包,任课老师和学生可以登录"我们爱读书"网(www.ibook4us.com)注册并浏览,任课教师还可以发邮件至 husttujian@163.com 免费索取。

图书在版编目(CIP)数据

建筑工程质量与安全管理/王胜编著. —武汉:华中科技大学出版社,2019.1(2023.7 重印)
国家示范性高等职业教育土建类"十三五"规划教材
ISBN 978-7-5680-4961-0

Ⅰ.①建… Ⅱ.①王… Ⅲ.①建筑工程-工程质量-质量管理-高等职业教育-教材 ②建筑工程-安全管理-高等职业教育-教材 Ⅳ.①TU71

中国版本图书馆 CIP 数据核字(2019)第 012544 号

建筑工程质量与安全管理
Jianzhu Gongcheng Zhiliang yu Anquan Guanli

王 胜 编著

策划编辑:康 序
责任编辑:段亚萍
封面设计:孢 子
责任监印:朱 玢
出版发行:华中科技大学出版社(中国·武汉)　　电话:(027)81321913
　　　　　武汉市东湖新技术开发区华工科技园　　邮编:430223
录　排:武汉三月禾文化传播有限公司
印　刷:武汉科源印刷设计有限公司
开　本:787mm×1092mm　1/16
印　张:12
字　数:302 千字
版　次:2023 年 7 月第 1 版第 4 次印刷
定　价:38.00 元

前言

━━━━━━━━━━━━━●　○　○

为了培养一批具有高素质、高技能的应用管理型人才,适应建设工程施工现场对人才的需求,依据现行的国家标准编著此书。

本书包括建筑工程施工质量验收统一标准、地基与基础工程质量控制与验收、主体结构工程质量控制与验收、屋面工程质量控制与验收、建筑装饰装修工程质量控制与验收以及建筑工程安全管理等六部分内容。全书由辽宁建筑职业学院王胜副教授编著。

本书具有以下特色。

1. 与"精品在线开放课程"为一体。作者团队开发建设精品在线开放课程,学习者可借助精品在线开放课程平台进行学习,教师可借助精品在线开放课程平台实现线上线下混合式教学。

2. 以"未来职业"相关案例贯穿全书。任务结束后,设置综合例题,将相关任务内容建立联系,进行综合训练。每个学习情境结束后,设置选择题、思考题、案例题,使所学知识融会贯通,进行符合"未来职业"的职业训练。

3. 以"引导学生思考"为目标。在编写过程中,将书中内容与工作过程直接联系,进行项目—任务的设计,符合"以项目为导向、以任务为驱动"的教学理念。

4. 以"质量与安全并重"为导向。以建设工程施工质量控制点、质量验收、质量问题预防及处理和建设工程安全管理为主要内容进行编写。

本书主要供高等职业技术学校与中等职业技术学校的建筑工程技术专业及相关专业教师与学生使用,也可供从事工程建设的工程技术人员使用。

为了方便教学,本书还配有电子课件等教学资源包,任课教师和学生可以登录"我们爱读书"网(www.ibook4us.com)注册并浏览,任课教师还可以发邮件至 husttujian@163.com 免费索取。

由于编者水平和经验有限,书中难免有不足之处,敬请读者批评指正。

编　者
2018 年 12 月

目录

● ● ●

学习情境 1

建筑工程施工质量验收统一标准

教学目标

▌**知识目标**

1. 了解建筑工程质量验收基本规定。
2. 熟悉建筑工程质量验收划分原则。
3. 掌握检验批、分项工程、分部工程及单位工程的质量验收合格规定和质量验收程序。

▌**能力目标**

1. 能将单位工程划分出分部工程、分项工程、检验批。
2. 能组织检验批、分项工程、分部工程及单位工程的质量验收。

一、基本规定

（1）施工现场质量管理应具有相应的施工技术标准、健全总包和专业分包单位的质量管理体系、施工质量检验制度和综合施工质量水平评定考核制度，施工现场质量管理检查记录范例见表1-1。

表1-1　施工现场质量管理检查记录范例

开工日期：2017年5月28日

工程名称	钻石大厦		施工许可证号		210111201705281111	
建设单位	龙头建筑开发有限责任公司		项目负责人		李龙头	
设计单位	华帝建筑工程设计研究院		项目负责人		张华帝	
监理单位	宝丰建筑工程监理有限责任公司		总监理工程师		尹宝丰	
施工单位	大发建筑有限公司	项目负责人	赵大发		项目技术负责人	赵小发
序号	项目		主要内容			
1	项目部质量管理体系		现场有健全的过程控制和合格控制的质量管理体系，有三检及交接检制度，有每周质量例会制度，有月度质量评比奖励制度，有完善的质量事故责任制度			
2	现场质量责任制		质量岗位职责制度、设计交底制度、技术交底制度、成品挂牌制度。现场责任明确			
3	主要专业工种操作岗位证书		测量员、焊工、电工、钢筋工、木工、混凝土工、起重工、架子工、塔吊司机、施工电梯司机等专业工种上岗证书齐全			
4	分包单位管理制度		分包管理制度细致明确			
5	图纸会审记录		已经进行了图纸会审，四方签字确认完毕			
6	地质勘察资料		勘察资料齐全，已使用，四方签字确认			
7	施工技术标准		操作和验收标准正确，满足工程实际需要			
8	施工组织设计、施工方案编制及审批		施工组织设计、专项施工方案均报监理审批完成			
9	物资采购管理制度		采购制度合理			
10	施工设施和机械设备管理制度		施工设施和机具管理责任落实到人，奖惩制度严密可行			
11	计量设备配备		设备准确，并由专人负责校准			
12	检测试验管理制度		检测试验制度完善，检测试验计划经过监理审批			
13	工程质量检查验收制度		验收制度合理，符合法规、规范的要求，各项验收环节已经落实到人			
自检结果： 　　符合要求 施工单位项目负责人：赵大发 　　　　　　　　　　　2017年3月15日			检查结论： 　　合格 总监理工程师：尹宝丰　　2017年3月16日			

（2）未实行监理的建筑工程，建设单位相关人员应履行《建筑工程施工质量验收统一标准》（GB 50300—2013）涉及的监理职责。

（3）建筑工程的施工质量控制应符合下列规定：

①建筑工程采用的主要材料、半成品、成品、建筑构配件、器具和设备应进场验收。凡涉及安全、节能、环境保护和主要使用功能的重要材料、产品，应按各专业工程施工规范、验收规范和设计文件等规定进行复检，并应经监理工程师检查认可。

②各施工工序应按施工技术标准进行质量控制，每道施工工序完成后，经施工单位自检符合规定后，才能进行下道工序施工。各专业工种之间的相关工序应进行交接检验，并形成记录。

③对于监理单位提出检查要求的重要工序，应经监理工程师检查认可，才能进行下道工序施工。

（4）符合下列条件之一时，可按相关专业验收规范的规定适当调整抽样复验、试验数量，调整后的抽样复验、试验方案应由施工单位编制，并报监理单位审核确认。

①同一项目中由相同施工单位施工的多个单位工程，使用同一生产厂家的同品种、同规格、同批次的材料、构配件、设备时；

②同一施工单位在现场加工的成品、半成品、构配件用于同一项目中的多个单位工程；

③在同一项目中，针对同一抽样对象已有检验成果可以重复利用。

（5）当专业验收规范对工程中的验收项目未作出相应规定时，应由建设单位组织监理、设计、施工等相关单位制定专项验收要求。涉及安全、节能、环境保护等项目的专项验收要求应由建设单位组织专家论证。

（6）建筑工程施工质量应按下列要求进行验收：

①工程质量验收均应在施工单位自检合格的基础上进行；

②参加工程施工质量验收的各方人员应具备规定的资格；

③检验批的质量应按主控项目和一般项目验收；

④对涉及结构安全、节能、环境保护和主要使用功能的试块、试件及材料，应在进场时或施工中按规定进行见证检验；

⑤隐蔽工程在隐蔽前应由施工单位通知监理单位进行验收，并应形成验收文件，验收合格后方可继续施工；

⑥对涉及结构安全、节能、环境保护和使用功能的重要分部工程，应在验收前按规定进行抽样检测；

⑦工程的观感质量应由验收人员现场检查，并应共同确认。

（7）建筑工程施工质量验收合格应符合下列要求：

①符合工程勘察、设计文件的要求；

②符合国家标准和相关专业验收规范的规定。

（8）检验批的质量检验，应根据检验项目的特点在下列抽样方案中进行选择：

①计量、计数或计量-计数等抽样方案；

②一次、二次或多次抽样方案；

③对重要的检验项目，当有简易快速的检验方法时，选用全数检验方案；

④根据生产连续性和生产控制稳定性情况，采用调整型抽样方案；

⑤经实践证明有效的抽样方案。

（9）检验批抽样样本应随机抽取，满足分布均匀、具有代表性的要求，抽样数量应符合有关专业验收规范的规定。当采用计数抽样时，最小抽样数量应符合表1-2的规定。

明显不合格的个体可不纳入检验批，但应进行处理，使其满足有关专业验收规范的规定，并对处理情况予以记录并重新验收。

表1-2 检验批最小抽样数量

检验批的容量	最小抽样数量	检验批的容量	最小抽样数量
2～15	2	151～280	13
16～25	3	281～500	20
26～90	5	501～1200	32
91～150	8	1201～3200	50

（10）计量抽样的错判概率 α 和漏判概率 β 可按下列规定采取：

①主控项目：对应于合格质量水平的 α 和 β 均不宜超过 5％。

②一般项目：对应于合格质量水平的 α 不宜超过 5％，β 不宜超过 10％。

二、建筑工程质量验收的划分

建筑工程质量验收划分原则如下。

（1）建筑工程施工质量验收应划分为单位工程、分部工程、分项工程和检验批。

（2）单位工程应按下列原则划分：

①具备独立施工条件并能形成独立使用功能的建筑物或构筑物为一个单位工程。

②对于规模较大的单位工程，可将其能形成独立使用功能的部分定为一个子单位工程。

（3）分部工程应按下列原则划分：

①可按专业性质、工程部位确定。

②当分部工程较大或较复杂时，可按材料种类、施工特点、施工程序、专业系统及类别将分部工程划分为若干子分部工程。

（4）分项工程可按主要工种、材料、施工工艺、设备类别等进行划分。

（5）检验批可根据施工、质量控制和专业验收的需要，按工程量、楼层、施工段、变形缝进行划分。

（6）建筑工程的分部工程、分项工程划分宜按表1-3进行。

（7）施工前，应由施工单位制定分项工程和检验批的划分方案，并由监理单位审核。对于表1-3及相关专业验收规范未涵盖的分项工程和检验批，可由建设单位组织监理、施工等单位协商确定。

（8）室外工程可根据专业类别和工程规模按表1-4的规定划分子单位工程、分部工程和分项工程。

表 1-3　建筑工程的分部工程、分项工程划分

序号	分部工程	子分部工程	分 项 工 程
1	地基与基础	地基	素土、灰土地基,砂和砂石地基,土工合成材料地基,粉煤灰地基,强夯地基,注浆地基,预压地基,砂石桩复合地基,高压旋喷注浆地基,水泥土搅拌桩地基,土和灰土挤密桩复合地基,水泥粉煤灰碎石桩复合地基,夯实水泥土桩复合地基
		基础	无筋扩展基础,钢筋混凝土扩展基础,筏形与箱形基础,钢结构基础,钢管混凝土结构基础,型钢混凝土结构基础,钢筋混凝土预制桩基础,泥浆护壁成孔灌注桩基础,干作业成孔桩基础,长螺旋钻孔压灌桩基础,沉管灌注桩基础,钢桩基础,锚杆静压桩基础,岩石锚杆基础,沉井与沉箱基础
		基坑支护	灌注桩排桩围护墙,板桩围护墙,咬合桩围护墙,型钢水泥土搅拌墙,土钉墙,地下连续墙,水泥土重力式挡墙,内支撑,锚杆,与主体结构相结合的基坑支护
		地下水控制	降水与排水,回灌
		土方	土方开挖,土方回填,场地平整
		边坡	喷锚支护,挡土墙,边坡开挖
		地下防水	主体结构防水,细部构造防水,特殊施工法结构防水,排水,注浆
2	主体结构	混凝土结构	模板,钢筋,混凝土,预应力,现浇结构,装配式结构
		砌体结构	砖砌体,混凝土小型空心砌块砌体,石砌体,配筋砌体,填充墙砌体
		钢结构	钢结构焊接,紧固件连接,钢零部件加工,钢构件组装及预拼装,单层钢结构安装,多层及高层钢结构安装,钢管结构安装,预应力钢索和膜结构,压型金属板,防腐涂料涂装,防火涂料涂装
		钢管混凝土结构	构件现场拼装,构件安装,钢管焊接,构件连接,钢管内钢筋骨架,混凝土
		型钢混凝土结构	型钢焊接,紧固件连接,型钢与钢筋连接,型钢构件组装及预拼装,型钢安装,模板,混凝土
		铝合金结构	铝合金焊接,紧固件连接,铝合金零部件加工,铝合金构件组装,铝合金构件预拼装,铝合金框架结构安装,铝合金空间网格结构安装,铝合金面板,铝合金幕墙结构安装,防腐处理
		木结构	方木和原木结构,胶合木结构,轻型木结构,木结构的防护
3	建筑装饰装修	建筑地面	基层铺设,整体面层铺设,板块面层铺设,木、竹面层铺设
		抹灰	一般抹灰,保温层薄抹灰,装饰抹灰,清水砌体勾缝
		外墙防水	外墙砂浆防水,涂膜防水,透气膜防水
		门窗	木门窗安装,金属门窗安装,塑料门窗安装,特种门安装,门窗玻璃安装
		吊顶	整体面层吊顶,板块面层吊顶,格栅吊顶
		轻质隔墙	板材隔墙,骨架隔墙,活动隔墙,玻璃隔墙
		饰面板	石板安装,陶瓷板安装,木板安装,金属板安装,塑料板安装
		饰面砖	外墙饰面砖粘贴,内墙饰面砖粘贴
		幕墙	玻璃幕墙安装,金属幕墙安装,石材幕墙安装,陶板幕墙安装
		涂饰	水性涂料涂饰,溶剂型涂料涂饰,美术涂饰
		裱糊与软包	裱糊,软包
		细部	橱柜制作与安装,窗帘盒和窗台板制作与安装,门窗套制作与安装,护栏和扶手制作与安装,花饰制作与安装

序号	分部工程	子分部工程	分 项 工 程
4	屋面	基层与保护	找平层和找坡层,隔汽层,隔离层,保护层
		保温与隔热	板状材料保温层,纤维材料保温层,喷涂硬泡聚氨酯保温层,现浇泡沫混凝土保温层,种植隔热层,架空隔热层,蓄水隔热层
		防水与密封	卷材防水层,涂膜防水层,复合防水层,接缝密封防水
		瓦面与板面	烧结瓦和混凝土瓦铺装,沥青瓦铺装,金属板铺装,玻璃采光顶铺装
		细部构造	檐口,檐沟和天沟,女儿墙和山墙,水落口,变形缝,伸出屋面管道,屋面出入口,反梁过水孔,设施基座,屋脊,屋顶面
5	建筑给水排水及供暖	略	
6	通风与空调	略	
7	建筑电气	略	
8	智能建筑	略	
9	建筑节能	略	
10	电梯	略	

表 1-4　室外工程划分

单 位 工 程	子单位工程	分部(子分部)工程
室外设施	道路	路基、基层、面层、广场与停车场、人行道、人行地道、挡土墙、附属构筑物
	边坡	土石方、挡土墙、支护
附属建筑及室外环境	附属建筑	车棚,围墙,大门,挡土墙
	室外环境	建筑小品,亭台,水景,连廊,花坛,场坪绿化,景观桥

三、建筑工程质量验收

检验批、分项工程、分部工程和单位工程的质量验收合格规定如下。

(1) 检验批质量验收合格应符合下列规定:

① 主控项目的质量经抽样检验均应合格。

② 一般项目的质量经抽样检验合格。当采用计数抽样时,合格点率应符合有关专业验收规范的规定,且不得存在严重缺陷。对于计数抽样的一般项目,正常检验一次抽样应按表 1-5 判定,正常检验二次抽样应按表 1-6 判定。抽样方案应在抽样前确定。

表1-5　一般项目正常一次性抽样的判定

样 本 容 量	合格判定数	不合格判定数	样 本 容 量	合格判定数	不合格判定数
5	1	2	32	7	8
8	2	3	50	10	11
13	3	4	80	14	15
20	5	6	125	21	22

表1-6　一般项目正常二次性抽样的判定

抽 样 次 数	样 本 容 量	合格判定数	不合格判定数	抽 样 次 数	样 本 容 量	合格判定数	不合格判定数
(1)	3	0	2	(1)	20	3	6
(2)	6	1	2	(2)	40	9	10
(1)	5	0	3	(1)	32	5	9
(2)	10	3	4	(2)	64	12	13
(1)	8	1	3	(1)	50	7	11
(2)	16	4	5	(2)	100	18	19
(1)	13	2	5	(1)	80	11	16
(2)	26	6	7	(2)	160	26	27

注:1.(1)和(2)表示抽样次数,(2)对应的样本容量为两次抽样的累计数量。

2.样本容量在表1-5或表1-6给出的数值之间时,合格判定数可通过插值并四舍五入取整确定。

③具有完整的施工操作依据、质量验收记录。

(2)分项工程质量验收合格应符合下列规定:

①所含检验批的质量均应验收合格;

②所含检验批的质量验收记录应完整。

(3)分部工程质量验收合格应符合下列规定:

①所含分项工程的质量均应验收合格;

②质量控制资料应完整;

③有关安全、节能、环境保护和主要使用功能的抽样检验结果应符合有关规定;

④观感质量应符合要求。

(4)单位工程质量验收合格应符合下列规定:

①所含分部工程的质量均应验收合格;

②质量控制资料应完整;

③所含分部工程中有关安全、节能、环境保护和主要使用功能的检验资料应完整;

④主要使用功能项目的抽查结果应符合相关专业验收规范的规定;

⑤观感质量应符合要求。

(5)建筑工程施工质量验收记录可按下列规定填写:

①检验批质量验收记录范例见表1-7,填写时应具有现场验收检查原始记录。

表 1-7　防水混凝土检验批质量验收记录范例　　　编号:01070101001

单位(子单位)工程名称	钻石大厦	分部(子分部)工程名称	地基与基础/地下防水	分项工程名称	防水混凝土
施工单位	大发建筑有限公司	项目负责人	赵大发	检验批容量	600 m³
分包单位	—	分包单位项目负责人	—	检验批部位	1~6/A~D轴地下室外墙
施工依据	地下防水施工方案		验收依据	《地下防水工程质量验收规范》(GB 50208—2011)	

		验收项目	设计要求及规范规定	最小/实际抽样数量	检查记录	检查结果
主控项目	1	防水混凝土的原材料、配合比及坍落度	第4.1.14条	—	质量证明文件齐全,检验合格,报告编号×××	√
	2	防水混凝土的抗压强度和抗渗性能	第4.1.15条	—	检验合格,报告编号×××	√
	3	防水混凝土结构的变形缝、施工缝、后浇带、穿墙管、埋设件等设置和构造	第4.1.16条	6/6	抽查6处,合格6处	√
一般项目	1	防水混凝土结构表面应坚实、平整,不得有露筋、蜂窝等缺陷;埋设件位置应准确	第4.1.17条	6/6	抽查6处,合格6处	√
	2	防水混凝土结构表面的裂缝宽度	不大于0.2 mm	—	无明显裂缝	√
	3	防水混凝土结构厚度不应小于250 mm	+8 mm -5 mm	6/6	抽查6处,合格6处	√
		主体结构迎水面钢筋保护层厚度不应小于50 mm	±5 mm	6/6	抽查6处,合格6处	√

施工单位检查结果	符合要求 专业工长:王小二 项目专业质量检查员:赵四 2017 年 7 月 7 日
监理单位验收结论	合格 专业监理工程师:刘三 2017 年 7 月 7 日

②分项工程质量验收记录范例见表 1-8。

表 1-8　卫生器具分项工程质量验收记录　　　　　　　　编号：050401

单位(子单位)工程名称	钻石大厦		分部(子分部)工程名称	建筑给水排水及供暖/卫生器具		
分项工程数量	300 件		检验批数量	10		
施工单位	大发建筑有限公司		项目负责人	赵大发	项目技术负责人	赵小发
分包单位	—		分包单位项目负责人	—	分包内容	—

序号	检验批名称	检验批容量	部位/区段	施工单位检查结果	监理单位验收结论
1	卫生器具安装	30	1 层	符合要求	合格
2	卫生器具安装	30	2 层	符合要求	合格
3	卫生器具安装	30	3 层	符合要求	合格
4	卫生器具安装	30	4 层	符合要求	合格
5	卫生器具安装	30	5 层	符合要求	合格
6	卫生器具安装	30	6 层	符合要求	合格
7	卫生器具安装	30	7 层	符合要求	合格
8	卫生器具安装	30	8 层	符合要求	合格
9	卫生器具安装	30	9 层	符合要求	合格
10	卫生器具安装	30	10 层	符合要求	合格

说明：
检验批质量验收记录资料齐全完整

施工单位检查结论	符合要求 项目专业技术负责人:赵小发 2017 年 11 月 11 日
监理单位验收结论	合格 专业监理工程师:刘三 2017 年 11 月 11 日

③分部工程质量验收记录范例见表1-9。

表1-9 地基与基础分部工程质量验收记录　　　　　编号：001

单位(子单位)工程名称	钻石大厦		子分部工程数量	4	分项工程数量	8
施工单位	大发建筑有限公司		项目负责人	赵大发	技术(质量)负责人	赵小发
分包单位	—		分包单位负责人	—	分包内容	—

序号	子分部工程名称	分项工程名称	检验批数量	施工单位检查结果	监理单位验收结论
1	地基	注浆地基	5	符合要求	合格
2	基础	模板工程	28	符合要求	合格
3		混凝土工程	15	符合要求	合格
4		钢筋工程	26	符合要求	合格
5	土方	场地平整	1	符合要求	合格
6		土方开挖	1	符合要求	合格
7	地下防水	主体结构防水	2	符合要求	合格
8		细部构造防水	1	符合要求	合格
质量控制资料				共计50份,齐全有效	合格
安全和功能检验报告				抽查10项,符合要求	合格
观感质量检验结果				一般	
综合验收结论			地基与基础分部工程验收合格		

施工单位	勘察单位	设计单位	监理单位
项目负责人:赵大发	项目负责人:聂土	项目负责人:张华帝	总监理工程师:尹宝丰
2017年7月25日	2017年7月25日	2017年7月25日	2017年7月25日

注:1.地基与基础分部工程的验收应由施工、勘察、设计单位项目负责人和总监理工程师参加并签字。

2.主体结构、节能分部工程的验收应由施工、设计单位项目负责人和总监理工程师参加并签字。

④单位工程质量竣工验收记录范例见表 1-10,单位工程质量控制资料核查记录范例见表 1-11,单位工程安全和功能检验资料核查记录范例见表 1-12,单位工程观感质量检查记录范例见表 1-13。

表 1-10　单位工程质量竣工验收记录

工程名称		钻石大厦	结构类型	框剪结构	层数/建筑面积	10/11 000
施工单位		大发建筑有限公司	技术负责人	马亮	开工日期	2017 年 5 月 28 日
项目负责人		赵大发	项目技术负责人	赵小发	完工日期	2018 年 10 月 10 日
序号	项目		验收记录		验收结论	
1	分部工程验收		共 10 分部,经查符合设计及标准规定 10 分部		所有分部工程质量验收合格	
2	质量控制资料核查		共 50 项,经核查符合规定 50 项		质量控制资料全部符合相关规定	
3	安全和主要使用功能核查及抽查结果		共核查 60 项,符合规定 60 项,共抽查 20 项,符合规定 20 项,经返工处理符合规定 0 项		核查及抽查项目全部符合规定	
4	观感质量验收		共抽查 30 项,达到"好"和"一般"的 30 项,经返修处理符合要求的 0 项		好	
综合验收结论			工程质量合格			

参加验收单位	建设单位	监理单位	施工单位	设计单位	勘察单位
	(公章) 项目负责人: 李龙头 2018 年 10 月 25 日	(公章) 总监理工程师: 尹宝丰 2018 年 10 月 25 日	(公章) 项目负责人: 赵大发 2018 年 10 月 25 日	(公章) 项目负责人: 张华帝 2018 年 10 月 25 日	(公章) 项目负责人: 聂土 2018 年 10 月 25 日

注:单位工程验收时,验收签字人员应由相应单位的法人代表书面授权。

表 1-11　单位工程质量控制资料核查记录

工程名称		钻石大厦	施工单位	大发建筑有限公司			
序号	项目	资料名称	份数	施工单位		监理单位	
				核查意见	核查人	核查意见	核查人
1	建筑与结构	图纸会审记录、设计变更通知单、工程洽商记录	25	齐全有效	王一	合格	赵二
2		工程定位测量、放线记录	64	齐全有效		合格	
3		原材料出厂合格证及进场检验、试验报告	315	齐全有效		合格	
4		施工试验报告及见证检测报告	188	齐全有效		合格	
5		隐蔽工程验收记录	144	齐全有效		合格	
6		施工记录	168	齐全有效		合格	
7		地基基础、主体结构检验及抽样检测资料	50	齐全有效		合格	
8		分项、分部工程质量验收记录	30	齐全有效		合格	
9		工程质量事故调查处理资料	—	—		—	
10		新技术论证、备案及施工记录	5	齐全有效		合格	
给水排水与供暖		略					
通风与空调		略					
建筑电气		略					
智能建筑		略					
建筑节能		略					
电梯		略					

结论：
工程资料齐全、有效，各种施工试验、系统调试记录等符合有关规范规定，工程质量控制资料核查通过
同意验收

施工单位项目负责人：赵大发　　　　　　　　　　　　总监理工程师：尹宝丰
2018 年 10 月 20 日　　　　　　　　　　　　　　　2018 年 10 月 20 日

表 1-12　单位工程安全和功能检验资料核查记录

工程名称		钻石大厦			施工单位		大发建筑有限公司	
序号	项目	安全和功能检查项目	份数	核查意见		抽查结果		核查(抽查)人
1	建筑与结构	地基承载力检验报告	2	完整有效				刘三
2		桩基承载力检验报告	4	完整有效		抽查 4 项合格		
3		混凝土强度试验报告	10	完整有效				
4		砂浆强度试验报告	5	完整有效		抽查 5 项合格		
5		主体结构尺寸、位置抽查记录	8	完整有效				
6		建筑物垂直度、标高、全高测量记录	3	完整有效		抽查 3 项合格		
7		屋面淋水或蓄水试验记录	5	完整有效				
8		地下室渗漏水检测记录	5	完整有效		抽查 5 项合格		
9		有防水要求的地面蓄水试验记录	5	完整有效				
10		抽气(风)道检查记录	15	完整有效		抽查 15 项合格		
11		外窗气密性、水密性、耐风压检测报告	3	完整有效				
12		幕墙气密性、水密性、耐风压检测报告	3	完整有效		抽查 3 项合格		
13		建筑物沉降观测测量记录	10	完整有效				
14		节能、保温测试记录	5	完整有效		抽查 5 项合格		
15		室内环境检测报告	10	完整有效		抽查 10 项合格		
16		土壤氡气浓度检测报告	2	完整有效				
给水排水与供暖		略						
通风与空调		略						
建筑电气		略						
智能建筑		略						
建筑节能		略						
电梯		略						

结论：

资料齐全有效,抽查结果全部合格

施工单位项目负责人:赵大发　　　　　　　　　　　　　　　　　总监理工程师:尹宝丰
　　　　　2018 年 10 月 20 日　　　　　　　　　　　　　　　　　　　2018 年 10 月 20 日

注:抽查项目由验收组协商确定。

表 1-13　单位工程观感质量检查记录

工程名称		钻石大厦	施工单位	大发建筑有限公司	
序号		项目	抽查质量状况		质量评价
1	建筑与结构	主体结构外观	共检查 10 点,好 9 点,一般 1 点,差 0 点		好
2		室外墙面	共检查 10 点,好 10 点,一般 0 点,差 0 点		好
3		变形缝、雨水管	共检查 10 点,好 9 点,一般 1 点,差 0 点		好
4		屋面	共检查 10 点,好 9 点,一般 1 点,差 0 点		好
5		室内墙面	共检查 10 点,好 9 点,一般 1 点,差 0 点		好
6		室内顶棚	共检查 10 点,好 8 点,一般 2 点,差 0 点		好
7		室内地面	共检查 10 点,好 9 点,一般 1 点,差 0 点		好
8		楼梯、踏步、护栏	共检查 10 点,好 10 点,一般 0 点,差 0 点		好
9		门窗	共检查 10 点,好 10 点,一般 0 点,差 0 点		好
10		雨罩、台阶、坡道、散水	共检查 10 点,好 9 点,一般 1 点,差 0 点		好
给水排水与供暖		略			
通风与空调		略			
建筑电气		略			
智能建筑		略			
电梯		略			
观感质量综合评价			好		

结论:
评价为好,观感质量验收合格

施工单位项目负责人:赵大发　　　　　　　　　　　　总监理工程师:尹宝丰
　　　　　　2018 年 10 月 20 日　　　　　　　　　　　　　2018 年 10 月 20 日

注:1.对质量评价为差的项目应进行返修。
　　2.观感质量现场检查原始记录应作为本表附件。

(6)当建筑工程施工质量不符合要求时,应按下列规定进行处理:

①经返工或返修的检验批,应重新进行验收。

②经有资质的检测机构检测鉴定能够达到设计要求的检验批,应予以验收。

③经有资质的检测机构检测鉴定达不到设计要求,但经原设计单位核算认可能够满足安全和使用功能的检验批,可予以验收。

④经返修或加固处理的分项、分部工程,满足安全及使用功能要求时,可按技术处理方案和协商文件的要求予以验收。

(7)工程质量控制资料应齐全完整。当部分资料缺失时,应委托有资质的检测机构按有关标准进行相应的实体检验或抽样试验。

(8)经返修或加固处理仍不能满足安全或重要使用要求的分部工程及单位工程,严禁验收。

四、建筑工程质量验收程序和组织

检验批、分项工程、分部工程和单位工程的质量验收程序如下。

（1）检验批应由专业监理工程师组织施工单位项目专业质量检查员、专业工长等进行验收。

（2）分项工程应由专业监理工程师组织施工单位项目专业技术负责人等进行验收。

（3）分部工程应由总监理工程师组织施工单位项目负责人和项目技术负责人等进行验收。勘察、设计单位项目负责人和施工单位技术、质量部门负责人应参加地基与基础分部工程的验收。设计单位项目负责人和施工单位技术、质量部门负责人应参加主体结构、节能分部工程的验收。

（4）单位工程中的分包工程完工后，分包单位应对所承包的工程项目进行自检，并应按标准规定的程序进行验收。验收时，总包单位应派人参加。分包单位应将所分包工程的质量控制资料整理完整，并移交给总包单位。

（5）单位工程完工后，施工单位应自行组织有关人员进行自检，总监理工程师应组织专业监理工程师对工程质量进行竣工预验收。存在施工质量问题时，应由施工单位整改。整改完毕后，由施工单位向建设单位提交工程竣工报告，申请工程竣工验收。

（6）建设单位收到工程竣工验收报告后，应由建设单位项目负责人组织监理、施工、设计、勘察等单位项目负责人进行单位工程验收。

■ 例题 1-1　　某市银行大厦是一座现代化的智能型建筑，建筑面积 50 000 m²，施工总承包单位是该市第一建筑公司，由于该工程设备先进，要求高，因此，该公司将机电设备安装工程分包给具有相应资质的某合资安装公司。

问题：

（1）工程质量验收分为哪两类？

（2）该银行大厦主体和其他分部工程验收的程序和组织是什么？

（3）该机电设备安装分包工程验收的程序和组织是什么？

答案：

（1）建筑工程质量验收分为过程验收和单位工程竣工验收两大类。其中，检验批、分项、分部和隐蔽工程验收为过程验收。

（2）该银行大厦主体和其他分部工程验收的程序和组织：在施工单位自检合格，并填好相关验收记录（有关监理记录和结论不填）的基础上，应由总监理工程师组织施工单位项目负责人和项目技术负责人等进行验收。勘察、设计单位项目负责人和施工单位技术、质量部门负责人应参加地基与基础分部工程的验收。设计单位项目负责人和施工单位技术、质量部门负责人应参加主体结构、节能分部工程的验收，并在验收记录上签字、盖章。

（3）某合资安装公司对分包的机电设备安装工程应按《建筑工程施工质量验收统一标准》（GB 50300—2013）标准规定的程序和组织检查评定，总包单位第一建筑公司应派人参加。分包的机电设备安装工程完成后，合资安装公司将工程有关资料交总包单位第一建筑公司，待建设单位组织单位工程质量验收时，第一建筑公司和合资安装公司单位负责人参加验收。

项目小结

本章主要介绍了建筑工程施工质量验收基本规定、建筑工程质量验收的划分、建筑工程质量验收及建筑工程质量验收程序和组织四大部分内容。

建筑工程施工质量验收基本规定主要介绍了建筑工程的施工质量控制规定和建筑工程施工质量验收合格的相关要求等。

建筑工程质量验收的划分主要介绍了单位工程、分部工程、分项工程和检验批的划分原则。

建筑工程质量验收主要介绍了检验批、分项工程、分部工程和单位工程的质量验收合格规定。

建筑工程质量验收程序和组织主要介绍了检验批、分项工程、分部工程和单位工程的质量验收程序。

习题

一、单项选择题

1.各施工工序应按施工技术标准进行质量控制,每道施工工序完成后,经( )自检符合规定后,才能进行下道工序施工。

A.建设单位　　　　　B.监理单位　　　　　C.施工单位　　　　　D.设计单位

2.隐蔽工程在隐蔽前应由施工单位通知( )进行验收,并应形成验收文件,验收合格后方可继续施工。

A.建设单位　　　　　B.监理单位　　　　　C.施工单位　　　　　D.设计单位

3.对涉及结构安全、节能、环境保护和主要使用功能的试块、试件及材料,应在进场时或施工中按规定进行( )。

A.抽样检验　　　　　B.见证检验　　　　　C.计量检验　　　　　D.计数检验

4.见证取样检测是检测试样在( )见证下,由施工单位有关人员现场取样,并委托检测机构所进行的检测。

A.监理单位具有见证人员证书的人员

B.建设单位授权的具有见证人员证书的人员

C.监理单位或建设单位具备见证资格的人员

D.设计单位项目负责人

5.具备独立施工条件并能形成独立使用功能的建筑物或构筑物为一个( )。

A.单位工程　　　　　B.分部工程　　　　　C.分项工程　　　　　D.检验批

6.建筑工程质量验收应划分为单位(子单位)工程、分部(子分部)工程、分项工程和( )。

A.验收部位　　　　　B.工序　　　　　C.检验批　　　　　D.专业验收

7.建筑地面工程属于( )分部工程。

A.建筑装饰　　　　　B.建筑装修　　　　　C.地面与楼面　　　　　D.建筑装饰装修

8.检验批质量验收时,主控项目的质量经抽样检验(　　)合格。

A.50%　　　　　　B.75%　　　　　　C.90%　　　　　　D.均应

9.经返修或加固处理仍不能满足安全或重要使用要求的分部工程及单位工程,(　　)验收。

A.可以　　　　　B.让步　　　　　C.降级　　　　　D.严禁

10.分部工程应由(　　)组织施工单位项目负责人和项目技术负责人等进行验收。

A.项目经理　　　　　　　　　　B.总监理工程师

C.专业监理工程师　　　　　　　D.施工单位技术负责人

二、思考题

1.简述建筑工程施工质量验收合格的规定。

2.简述建筑工程质量不符合要求时的处理规定。

3.简述地基与基础工程验收的程序。

三、案例题

某教学楼长 75.76 m,宽 25.2 m,共 7 层,室内外高差为 450 mm。1～7 层每层层高均为 4.2 m,顶层水箱间层高 3.9 m,建筑高度 29.85 m(室外设计地面到平屋面面层),建筑总高度 30.75 m(室外设计地面到平屋面女儿墙)。在第 4 层混凝土部分试块检测时发现强度达不到设计要求,但实体经有资质的检测单位检测鉴定,强度达到了要求。由于加强了预防和检查,没有再发生类似情况。该楼最终顺利完工,达到验收条件后,建设单位组织了竣工验收。

问题:

1.工序质量控制的内容有哪些?

2.第 4 层的质量问题是否需要处理?请说明理由。

3.如果第 4 层混凝土强度经检测达不到要求,施工单位如何处理?

4.该教学楼达到什么条件后方可竣工验收?

学习情境 **2**

地基与基础工程
质量控制与验收

教学目标
○ ○ ○ ○

▌**知识目标**

1. 了解地基与基础工程施工质量控制要点。
2. 熟悉地基与基础工程施工常见质量问题及预防措施。
3. 掌握地基与基础工程验收标准、验收内容和验收方法。

▌**能力目标**

1. 能对地基与基础工程进行质量验收和评定。
2. 能对地基与基础工程常见质量问题进行预控。

任务 1 土方工程质量控制与验收

　　土方工程施工前应进行挖、填方的平衡计算,综合考虑土方运距最短、运程合理和各个工程项目的合理施工工程序等,做好土方平衡调配,减少重复挖运。土方平衡调配应尽可能与城市规划和农田水利相结合,将余土一次性运到指定弃土场,做到文明施工。

　　当土方工程挖方较深时,施工单位应采取措施,防止基坑底部土的隆起并避免危害周边环境。在挖方前,应做好地面排水和降低地下水位工作。土方工程施工,应经常测量和校核其平面位置、水平标高和边坡坡度。平面控制桩和水准控制点应采取可靠的保护措施,定期复测和检查。土方不应堆在基坑边缘。

　　平整场地的表面坡度应符合设计要求,如设计无要求时,排水沟方向的坡度不应小于2‰。平整后的场地表面应逐点检查。检查点为每100～400 m² 取1点,但不应少于10点;长度、宽度和边坡均为每20 m取1点,每边不应少于1点。

一、土方开挖

　　土方开挖前应检查定位放线、排水和降低地下水位系统,合理安排土方运输车的行走路线及弃土场。施工过程中应检查平面位置、水平标高、边坡坡度、压实度、排水、降低地下水位系统,并随时观测周围的环境变化。临时性挖方的边坡值见表2-1。

表 2-1　临时性挖方边坡值

土 的 类 别		边坡值(高:宽)
砂土(不包括细砂、粉砂)		1:1.25～1:1.50
一般性黏土	硬	1:0.75～1:1.00
	硬、塑	1:1.00～1:1.25
	软	1:1.50 或更缓
碎石类土	充填坚硬、硬塑黏性土	1:0.50～1:1.00
	充填砂土	1:1.00～1:1.50

注:1.设计有要求时,应符合设计标准。
　　2.如采用降水或其他加固措施,可不受本表限制,但应计算复核。
　　3.开挖深度,对软土不应超过4 m,对硬土不应超过8 m。

　　土方开挖工程的质量检验标准见表2-2。

表 2-2　土方开挖工程质量检验标准/mm

项	序	项　目	允许偏差或允许值					检验方法	检查数量
			柱基基坑基槽	挖方场地平整		管沟	地(路)面基层		
				人工	机械				
主控项目	1	标高	−50	±30	±50	−50	−50	水准仪	柱基按总数抽查10％,但不少于5个,每个不少于2点;基坑每20 m²取1点,但不少于2点;基槽、管沟、排水沟、路面基层每20 m取1点,但不少于5点;挖方每30~50 m²取1点,但不少于5点
	2	长度、宽度(由设计中心线向两边量)	+200 −50	+300 −100	+500 −150	+100	—	经纬仪、用钢尺量	每20 m取1点,每边不少于1点
	3	边坡	设计要求					观察或用坡度尺检查	
一般项目	1	表面平整度	20	20	50	20	20	用2 m靠尺和楔形塞尺检查	每30~50 m²取1点
	2	基底土性	设计要求					观察或土样分析	全数观察检查

注:地(路)面基层的偏差只适用于直接在挖、填方上做地(路)面的基层。

二、土方回填

土方回填前应清除基底的垃圾、树根等杂物,抽除坑穴积水、淤泥,验收基底标高。如在耕植土或松土上填方,应在基底压实后再进行。填方施工过程中应检查排水措施、每层填筑厚度、含水量控制和压实程度。填筑厚度及压实遍数应根据土质、压实系数及所用机具确定。如无试验依据,应符合表2-3的规定。

表 2-3　填土施工时的分层厚度及压实遍数

压 实 机 具	分层厚度/mm	每层压实遍数
平碾	250~300	6~8
振动压实机	250~300	3~4
柴油打夯机	200~250	3~4
人工打夯	<200	3~4

填方施工结束后,应检查标高、边坡坡度、压实程度等,检验标准见表2-4。

表 2-4　土方回填工程质量检验标准/mm

项	序	项　目	允许偏差或允许值					检验方法	检验数量
			柱基基坑基槽	挖方场地平整		管沟	地（路）面基层		
				人工	机械				
主控项目	1	标高	−50	±30	±50	−50	−50	水准仪	柱基按总数抽查10%，但不少于5个，每个不少于2点；基坑每20 m²取1点，每坑不少于2点；基槽、管沟、排水沟、路面基层每20 m取1点，但不少于5点；场地平整每100～400 m²取1点，但不少于10点
	2	分层压实系数	设计要求					按规定方法	密实度控制基坑和室内填土，每层按100～500 m²取样一组；场地平整填方，每层按400～900 m²取样一组；基坑和管沟回填每20～50 m²取样一组，但每层均不得少于一组，取样部位在每层压实后的下半部
一般项目	1	回填土料	设计要求					取样检查或直观鉴别	同一土场不少于1组
	2	分层厚度及含水量	设计要求					水准仪及抽样检查	分层铺土厚度检查每10～20 mm或100～200 m²设置一处。回填料实测含水量与最佳含水量之差，黏性土控制在−4%～+2%范围内，每层填料均应抽样检查一次，由于气候因素含水量发生较大变化时应再抽样检查
	3	表面平整度	20	20	30	20	20	用靠尺或水准仪	每30～50 m²取1点

三、土方工程施工常见质量问题

1. 土方开挖边坡坍塌

1）现象

在挖方过程中或挖方后，基坑边坡土方局部或大面积塌落或滑塌，使地基土受到扰动。

2）原因分析

（1）基坑开挖较深，放坡坡度不够。

（2）在有地表水、地下水作用的土层开挖基坑，未采取有效的降排水措施。

（3）边坡顶部堆载过大或受车辆等外力振动影响，使坡体内剪切应力增大。

（4）开挖顺序与开挖方法不当。

3）预防措施

（1）根据土的种类、物理力学性质确定适当的边坡坡度。对永久性挖方的边坡坡度，应按设计要求放坡，一般在 $1:1\sim1:1.5$ 之间。

（2）在有地表滞水或地下水作用的地段，应做好排、降水措施，将水位降低至基底以下 $0.5\,m$ 方可开挖，并持续到回填完毕。

（3）施工中避免在坡顶堆土和存放建筑材料，并避免行驶施工机械设备和车辆振动，以减轻坡体负担。

（4）土方开挖应遵循由上而下、分层开挖的顺序，合理放坡，不使边坡过陡，同时避免先挖坡脚。相邻基坑开挖时，应遵循先深后浅或同时进行的施工顺序，并及时做好基础，尽量防止对地基的扰动。

4）治理方法

（1）对沟坑塌方，可将坡脚塌方清除做临时性支护措施，如堆装土编织袋或草袋、设支撑、砌砖石护坡墙等。

（2）对永久性边坡局部塌方，可将塌方清除，用块石填砌或回填 $2:8$ 或 $3:7$ 灰土嵌补，与土接触部位做成台阶搭接，防止滑动；或将坡顶线后移；或将坡度改缓。

2. 土方回填边坡塌陷

1）现象

填方边坡塌陷或滑塌，造成坡脚处土方堆积，坡顶上部土体裂缝。

2）原因分析

（1）边坡坡度过陡，坡体因自重或地表滞水作用使边坡土体失稳。

（2）边坡基底的草皮、淤泥、松土未清理干净，与原陡坡接合未挖成阶梯形搭接，填方土料采用了淤泥质土等不符合要求的土料。

（3）边坡填土未按要求分层回填压实，密实度差，黏聚力低，自身稳定性不够。

（4）坡顶、坡脚未做好排水措施，由于水的渗入，土的黏聚力降低，或坡脚被冲刷掏空而造成塌方。

3）预防措施

（1）永久性填方的边坡坡度应根据填方高度、土的种类和工程重要性按设计规定放坡。当填土边坡用不同土料进行回填时，应根据分层回填土料类别，将边坡做成折线形式。

（2）使用时间较长的临时填方边坡坡度，当填方高度在 $10\,m$ 以内，可采用 $1:1.5$ 进行放坡；当填方高度超过 $10\,m$，可做成折线形，上部为 $1:1.5$，下部采用 $1:1.75$。

（3）填方应选用符合要求的土料，避免采用腐殖土和未经破碎的大块土作边坡填料。边坡施工应按填土压实标准进行水平分层回填、碾压或夯实。

（4）在气候、水文和地质条件不良的情况下，对黏土、粉砂、细砂、易风化岩石边坡以及黄土类缓边坡，应于施工完毕后，随即进行防护。

(5) 在边坡上、下部做好排水沟,避免在影响边坡稳定的范围内积水。

4) 治理方法

边坡局部塌陷或滑塌,可将松土清理干净,与原坡接触部位做成阶梯形,用好土或 3∶7 灰土分层回填夯实修复,并做好坡顶、坡脚排水措施。大面积塌方,应考虑将边坡修成缓坡,做好排水和表面罩覆措施。

3. 场地积水

1) 现象

在建筑场地平整过程中或平整完成后,场地范围内高低不平,局部或大面积出现积水。

2) 原因分析

(1) 场地平整填土面积较大或较深时,未分层回填压实,土的密实度不均匀或不够,遇水产生不均匀下沉造成积水。

(2) 场地周围未做排水沟,或场地未做成一定排水坡度,或存在反向排水坡。

(3) 测量错误,使场地高低不平。

3) 预防措施

(1) 平整前,对整个场地的排水坡、排水沟、截水沟、下水道进行有组织排水系统设计。

(2) 对场地内的填土进行认真分层回填碾压(夯)实,使密实度不低于设计要求。设计无要求时,一般也应分层回填,分层压(夯)实,使相对密实度不低于 85%,避免松填。

(3) 做好测量的复核工作,防止出现标高误差。

4) 治理方法

已积水场地应立即疏通排水和采用抽水、截水设施,将水排出。场地未做排水坡度或坡度过小部位,应重新修坡;对局部低洼处,填土找平,压实至符合要求,避免再次积水。

例题 2-1　某建设项目地处闹市区,场地狭小。工程总建筑面积 30 000 m²,其中地上建筑面积为 25 000 m²,地下室建筑面积为 5000 m²,大楼分为裙楼和主楼,其中主楼 28 层,裙楼 5 层,地下 2 层,主楼高度 84 m,裙楼高度 24 m,全现浇钢筋混凝土框架剪力墙结构。基础形式为筏形基础,基坑深度 15 m,地下水位 −8 m,属于层间滞水。基坑东、北两面距离建筑围墙 2 m,西、南两面距离交通主干道 9 m。

土方施工时,先进行土方开挖。土方开挖采用机械一次挖至槽底标高,再进行基坑支护,基坑支护采用土钉墙支护,最后进行降水。

问题:

(1) 本项目的土方开挖方案和基坑支护方案是否合理? 为什么?

(2) 该项目基坑先开挖后降水的方案是否合理? 为什么?

答案:

(1) 不合理。本方案采用一次挖到底后再支护的方法,违背了土方开挖"开槽支撑,先撑后挖,分层开挖,严禁超挖"的原则。现场没有足够的放坡距离,一次挖到底后再支护,会影响到坑壁、边坡的稳定和周围建筑物的安全。

本项目采用土钉墙支护,现场没有足够的放坡距离,土钉墙支护不适用于地下水位以下的基坑支护,也不宜用于深度超过 12 m 的基坑。

（2）不合理。在地下水位较高的透水层中进行开挖施工时，由于基坑内外的水位差较大，易产生流砂、管涌等渗透破坏现象，还会影响到坑壁或边坡的稳定。因此，应在开挖前采用人工降水方法，将水位降至开挖面以下。

任务 2 基坑工程质量控制与验收

在基坑工程开挖施工中，现场不宜进行放坡开挖，当可能对邻近建（构）筑物、地下管线、永久性道路产生危害时，应对基坑进行支护后再开挖。土方开挖的顺序、方法必须与设计工况相一致，并遵循"开槽支撑，先撑后挖，分层开挖，严禁超挖"的原则。

在施工过程中基坑边堆置土方不应超过设计荷载，挖方时不应碰撞或损伤支护结构、降水设施。基坑工程施工中应对支护结构、周边环境进行观察和检测，如出现异常情况应及时处理，待恢复正常后方可继续施工。基坑开挖至设计标高后，应对坑底进行保护，经验槽合格后，方可进行垫层施工。对特大型基坑，宜分区分块挖至设计标高，分区分块及时浇筑垫层。必要时，可加强垫层。

基坑工程验收必须以确保支护结构安全和周围环境安全为前提。当设计有指标时，以设计要求为依据，如无设计指标应符合表 2-5 的要求。

表 2-5 基坑变形的监控值/cm

基 坑 类 别	围护结构墙顶位移监控值	围护结构墙体最大位移监控值	地面最大沉降监控值
一级基坑	3	5	3
二级基坑	6	8	6
三级基坑	8	10	10

注：1. 符合下列情况之一的为一级基坑：
　　（1）重要工程或支护结构是主体结构的一部分；
　　（2）开挖深度大于 10 m；
　　（3）与邻近建筑物、重要设施的距离在开挖深度以内的基坑；
　　（4）基坑范围内有历史文物、近代优秀建筑、重要管线等需严加保护的基坑。
　　2. 三级基坑为开挖深度小于 7 m，且周边环境无特别要求时的基坑。
　　3. 除一级和三级外的基坑属二级基坑。
　　4. 当周围已有的设施有特殊要求时，尚应符合这些要求。

一、排桩墙支护工程

排桩墙支护的基坑，开挖后应及时支护，每一道支撑施工应确保基坑变形在设计要求的控制范围内。在含水地层范围内的排桩墙支护基坑，应有确实可靠的止水措施，确保基坑施工及邻近构筑物的安全。排桩墙支护结构包括灌注桩、预制桩、板桩等类型桩构成的支护结构，其中灌注桩和预制桩的检验标准符合相应要求即可，钢板桩均为工厂成品，新桩可按出厂标准检验，重复使用的钢板桩的质量检验标准见表2-6,混凝土板桩的质量检验标准见表2-7。

表 2-6　重复使用的钢板桩检验标准

序	检查项目	允许偏差或允许值		检查方法
		单位	数值	
1	桩垂直度	%	<1	用钢尺量
2	桩身弯曲度		<2%L	用钢尺量,L 为桩长
3	齿槽平直度及光滑度	无电焊渣或毛刺		用 1 m 长的桩段做通过试验
4	桩长度	不小于设计长度		用钢尺量

表 2-7　混凝土板桩检验标准

项	序	检查项目	允许偏差或允许值		检查方法
			单位	数值	
主控项目	1	桩长度	mm	+10 0	用钢尺量
	2	桩身弯曲度		<0.1%L	用钢尺量,L 为桩长
一般项目	1	保护层厚度	mm	±5	用钢尺量
	2	横截面相对两面之差	mm	5	用钢尺量
	3	桩尖对桩轴线的位移	mm	10	用钢尺量
	4	桩厚度	mm	+10 0	用钢尺量
	5	凹凸槽尺寸	mm	±3	用钢尺量

二、水泥土桩墙支护工程

水泥土桩墙支护结构指水泥土搅拌桩(包括加筋水泥土搅拌桩)、高压喷射注浆桩所构成的围护结构。施工前应检查水泥及外掺剂的质量、桩位、搅拌机工作性能及各种计量设备完好程度;施工中应检查机头提升速度、水泥浆或水泥注入量、搅拌桩的长度及标高;施工结束后,应检查桩体强度、桩体直径及地基承载力。进行强度检验时,对承重水泥土搅拌桩应取 90 d 后的试件;对支护水泥土搅拌桩应取 28 d 后的试件。

加筋水泥土桩的质量检验标准见表2-8。

表 2-8　加筋水泥土桩质量检验标准

序	检查项目	允许偏差或允许值		检查方法
		单位	数值	
1	型钢长度	mm	±10	用钢尺量
2	型钢垂直度	%	<1	经纬仪
3	型钢插入标高	mm	±30	水准仪
4	型钢插入平面位置	mm	10	用钢尺量

三、锚杆及土钉墙支护工程

锚杆及土钉墙支护工程施工前应熟悉地质资料、设计图纸及周围环境,降水系统应确保正常工作,必需的施工设备如挖掘机、钻机、压浆泵、搅拌机等应能正常运转。一般情况下,应遵循分段开挖、分段支护的原则,不宜按一次挖就再行支护的方式施工。施工中应对锚杆或土钉位置,钻孔直径、深度及角度,锚杆或土钉插入长度,注浆配比、压力及注浆量,喷锚墙面厚度及强度、锚杆或土钉应力等进行检查。每段支护体施工完后,应检查坡顶或坡面位移、坡顶沉降及周围环境变化,如有异常情况应采取措施,恢复正常后方可继续施工。

锚杆及土钉墙支护工程的质量检验标准见表 2-9。

表 2-9　锚杆及土钉墙支护工程质量检验标准

项	序	检查项目	允许偏差或允许值		检查方法
			单位	数值	
主控项目	1	锚杆土钉长度	mm	±30	用钢尺量
	2	锚杆锁定力	设计要求		现场实测
一般项目	1	锚杆或土钉位置	mm	±100	用钢尺量
	2	钻孔倾斜度	°	±1	测钻机倾角
	3	浆体强度	设计要求		试样送检
	4	注浆量	大于理论计算浆量		检查计量数据
	5	土钉墙面厚度	mm	±10	用钢尺量
	6	墙体强度	设计要求		试样送检

四、钢或混凝土支撑系统工程

支撑系统包括围檩及支撑,当支撑较长时(一般超过 15 m),还包括支撑下的立柱及相应的立柱桩。施工前应熟悉支撑系统的图纸及各种计算工况,掌握开挖及支撑位置的方式、预顶力及周围环境保护的要求;施工过程中应严格控制开挖和支撑的程序及时间,对支撑的位置(包括立柱及立柱桩的位置)、每层开挖深度、预加顶力(如需要时)、钢围檩与围护体或支撑与围檩的密贴度应做周密检查;全部支撑安装结束后,仍应维持整个系统的正常运转直至支撑全部拆除。

钢或混凝土支撑系统工程质量检验标准见表 2-10。

表 2-10　钢及混凝土支撑系统工程质量检验标准

项	序	检查项目	允许偏差或允许值		检查方法
			单位	数量	
主控项目	1	支撑位置:标高	mm	30	水准仪
		平面	mm	100	用钢尺量
	2	预加顶力	kN	±50	油泵读数或传感器

续表

项	序	检查项目	允许偏差或允许值		检查方法
			单位	数量	
一般项目	1	围檩标高	mm	30	水准仪
	2	立柱桩	参见桩基础有关内容		参见桩基础有关内容
	3	立柱位置:标高 平面	mm mm	30 50	水准仪 用钢尺量
	4	开挖超深(开槽放支撑不在此范围)	mm	<200	水准仪
	5	支撑安装时间	设计要求		用钟表估测

五、地下连续墙工程

地下连续墙均应设置导墙,导墙形式有预制及现浇两种。现浇导墙形状有"L"形或倒"L"形,可根据不同土质选用。地下墙施工前宜先试成槽,以检验泥浆的配比、成槽机的选型并可复核地质资料。地下墙槽段间的连接接头形式,应根据地下墙的使用要求选用,且应考虑施工单位的经验,无论选用何种接头,在浇筑混凝土前,接头处必须刷洗干净,不留任何泥砂或污物。

地下墙与地下室结构顶板、楼板、底板及梁之间连接可预埋钢筋或接驳器(锥螺纹或直螺纹),对接驳器也应按原材料检验要求,抽样复验。数量每 500 套为一个检验批,每批应抽检 3 件,复验内容为外观、尺寸、抗拉试验等。每 50 m³ 地下墙应做 1 组试件,每幅槽段不得少于 1 组,在强度满足设计要求后方可开挖土方。

施工前应检验进场的钢材、电焊条。已完工的导墙应检查其净空尺寸、墙面平整度与垂直度。检查泥浆用的仪器、泥浆循环系统应完好,地下连续墙应用商品混凝土;施工中应检查成槽的垂直度、槽底的淤积物厚度、泥浆比重、钢筋笼尺寸、浇筑导管位置、混凝土上升速度、浇筑面标高、地下墙连接面的清洗程度、商品混凝土的坍落度、锁口管或接头箱的拔出时间及速度等;成槽结束后应对成槽的宽度、深度及倾斜度进行检验,重要结构每段槽段都应检查,一般结构可抽查总槽段数的 20%,每槽段应抽查 1 个段面。永久性结构的地下墙,在钢筋笼沉放后,应做二次清孔,沉渣厚度应符合要求。

地下连续墙工程质量检验标准见表 2-11。

表 2-11 地下连续墙工程质量检验标准

项	序	检查项目	允许偏差或允许值		检查方法
			单位	数值	
主控项目	1	墙体强度	设计要求		查试件记录或取芯试压
	2	垂直度:永久结构 临时结构		1/300 1/150	测声波测槽仪或成槽机上的监测系统

续表

项	序	检查项目		允许偏差或允许值		检查方法
				单位	数值	
一般项目	1	导墙尺寸	宽度	mm	$W+40$	用钢尺量,W 为地下墙设计厚度
			墙面平整度	mm	<5	用钢尺量
			导墙平面位置	mm	±10	用钢尺量
	2	沉渣厚度:永久结构 临时结构		mm mm	$\leqslant100$ $\leqslant200$	重锤测或沉积物测定仪测
	3	槽深			$+100$	重锤测
	4	混凝土坍落度		mm	$180\sim220$	坍落度测定器
	5	钢筋笼尺寸		参见混凝土灌注桩		参见混凝土灌注桩
	6	地下墙表面平整度	永久结构 临时结构 插入式结构	mm mm mm	<100 <150 <20	此为均匀黏土层,松散及易坍土层由设计决定
	7	永久性结构时的预埋件位置	水平向 垂直向	mm mm	$\leqslant10$ $\leqslant20$	用钢尺量 水准仪

六、降水与排水工程

　　降水与排水是配合基坑开挖的安全措施,施工前应有降水与排水设计。基坑内明排水应设置排水沟及集水井,排水沟纵坡宜控制在 1‰~2‰。当在基坑外降水时,应有降水范围的估算,对重要建筑物或公共设施在降水过程中应监测。对不同的土质应用不同的降水形式,常用的降水形式见表 2-12。

表 2-12　降水类型及适用条件

降水类型 ＼ 适用条件	渗透系数/(cm/s)	可能降低的水位深度/m
轻型井点 多级轻型井点	$10^{-2}\sim10^{-5}$	3~6 6~12
喷射井点	$10^{-3}\sim10^{-6}$	8~20
电渗井点	$<10^{-6}$	宜配合其他形式降水使用
深井井管	$\geqslant10^{-5}$	>10

　　降水系统施工完后,应试运转,如发现井管失效,应采取措施使其恢复正常,如无可能恢复则应报废,另行设置新的井管。降水系统运转过程中应随时检查观测孔中的水位。
　　降水与排水工程质量检验标准见表 2-13。

表 2-13　降水与排水工程施工质量检验标准

序	检 查 项 目	允许值或允许偏差		检 查 方 法
		单位	数值	
1	集水沟坡度	‰	1～2	目测:坑内不积水,沟内排水畅通
2	井管(点)垂直度	%	1	插管时目测
3	井管(点)间距(与设计相比)	%	≤150	用钢尺量
4	井管(点)插入深度(与设计相比)	mm	≤200	水准仪
5	过滤砂砾料填灌(与计算值相比)	mm	≤5	检查回填料用量
6	井点真空度:轻型井点	kPa	>60	真空度表
	喷射井点	kPa	>93	真空度表
7	电渗井点阴阳极距离:轻型井点	mm	80～100	用钢尺量
	喷射井点	mm	120～150	用钢尺量

七、基坑工程施工常见质量问题

1. 基坑泡水

1)现象

基坑开挖后,地基土被水浸泡,造成地基松软,承载力降低,地基下沉。

2)原因分析

(1)开挖基坑未设排水沟或挡水堤,地表水流入基坑;

(2)在地下水位以下挖土,未采取降水措施;

(3)施工中未连续降水,或停电影响;

(4)挖基坑时,未准备防雨措施,方便雨水下入基坑。

3)预防措施

(1)开挖基坑周围应设排水沟或挡水堤,防止地面水流入基坑;挖土放坡时,坡顶和坡脚至排水沟的距离一般为 0.5～1 m。

(2)在地下水位以下挖土,可采用井点降水方法,将地下水位降至基坑坑底以下 0.5 m 再开挖。

(3)施工中保持连续降水,直至基坑回填完毕。

(4)基坑施工应做好防雨措施,或选择在干旱季节施工。

4)治理方法

(1)已被水淹泡的基坑,应立即检查降排水设施,疏通排水沟,并采取措施将水引走、排净。

(2)对已设置截水沟而仍有小股水冲刷边坡和坡脚的,可将边坡挖成阶梯形,或用编织袋装土护坡将水排走,使坡脚保持稳定。

(3)已被水浸泡扰动的土,可根据具体情况,采取排水晾晒后夯实,或抛填碎石、小块石夯实,换填 3∶7 灰土夯实,或挖去淤泥加深基础等措施处理。

2. 地面沉陷过多

1)现象

在基坑外侧的降低地下水位影响范围内,地基土产生不均匀沉降,导致受其影响的邻近建筑物和市政设施发生不均匀沉降，引起不同程度的倾斜、裂缝，甚至断裂、倒塌。

2）原因分析

（1）降水前未考虑对周边环境的影响；

（2）降水期间未做好监测工作；

（3）降水工程施工方案不准确。

3）预防措施

（1）降水前应考虑到水位降低区域内的建筑物（包括市政地下管线等）可能产生的沉降和水平位移。

（2）在降水期间，应定期对基坑外地面、邻近建筑物及构筑物、地下管线进行沉陷观测。

（3）降水工程施工前，应根据工程特点、工程地质与水文地质条件、附近建（构）筑物的详细调查情况等，合理选择降水方法、降水设备和降水深度，编制完整准确的施工方案。

（4）尽可能地缩短基坑开挖、地基与基础工程施工的时间，加快施工进度，并尽快地进行回填土作业，以缩短降水的时间。

（5）设置止水帷幕或采用降水与回灌技术相结合的工艺，减少降水对外侧地基土的影响。

例题 2-2　某办公楼工程，建筑面积 82 000 m²，地下 3 层，地上 20 层，钢筋混凝土框架剪力墙结构，距邻近六层住宅楼 7 m，地基土层为粉质黏土和粉细砂，地下水为潜水。地下水位 −9.5 m，自然地面 −0.5 m，基础为筏板基础，埋深 14.5 m，基础底板混凝土厚 1500 mm，水泥采用普通硅酸盐水泥，采取整体连续分层浇筑方式施工，基坑支护工程委托有资质的专业单位施工，降排的地下水用于现场机具、设备清洗，主体结构选择有相应资质的 A 劳务公司作为劳务分包，并签订了劳务分包合同。

基坑支护工程专业施工单位提出了基坑支护降水采用"排桩＋锚杆＋降水井"方案，施工总承包单位要求基坑支护降水方案进行比选后确定。

问题：

（1）适用于本工程的基坑支护降水方案还有哪些？

（2）降排的地下水还可用于施工现场哪些方面？

答案：

（1）其他用于本项目的降水方案有真空井点、喷射井点、管井井点、截水、隔水、截水帷幕。

（2）降排的地下水还可用于混凝土搅拌、混凝土冷却、回灌、洒水湿润场地、清洗施工用具等。

任务 3 地基工程质量控制与验收

建筑物地基的施工应具备岩土工程勘察资料、邻近建筑物和地下设施类型、分布及结构质量情况以及工程设计图纸、设计要求及需达到的标准、检验手段等资料。

地基施工结束，宜在一个间歇期后进行质量验收，间歇期由设计确定。地基加固工程，应在正式施工前进行试验段施工，论证设定的施工参数及加固效果。为验证加固效果所进行的载荷试验,其施加载荷应不低于设计载荷的 2 倍。

一、灰土地基

灰土土料、石灰或水泥(当水泥替代灰土中的石灰时)等材料及配合比应符合设计要求,灰土应搅拌均匀。施工过程中应检查分层铺设的厚度、分段施工时上下两层的搭接长度、夯实时加水量、夯压遍数、压实系数;施工结束后,应检验灰土地基的承载力。

灰土地基的质量检验标准见表 2-14。

表 2-14　灰土地基质量检验标准

项	序	检查项目	允许偏差或允许值		检查方法	检查数量
			单位	数量		
主控项目	1	地基承载力	设计要求		按规定方法	每单位工程应不少于 3 点,1000 m² 以上工程,每 100 m² 至少应有 1 点,3000 m² 以上工程,每 300 m² 至少应有 1 点。每一独立基础下至少应有 1 点,基槽每 20 延米应有 1 点
	2	配合比	设计要求		按拌合时的体积比	柱坑按总数抽查10%,但不少于 5 个;基坑、沟槽每 10 m² 抽查 1 处,但不少于 5 处
	3	压实系数	设计要求		现场实测	应分层抽样检验土的干密度,当采用贯入仪或动力触探检验垫层的质量时,检验点的间距应小于 4 m。当取土样检验垫层的质量时,对大基坑每 50~100 m² 应不少于 1 个检验点;对基槽每 10~20 m 应不少于 1 个点;每个单独柱基应不少于 1 个点
一般项目	1	石灰粒径	mm	≤5	筛分法	柱坑按总数抽查10%,但不少于 5 个;基坑、沟槽每 10 m² 抽查 1 处,但不少于 5 处
	2	土料有机质含量	%	≤5	试验室焙烧法	随机抽查,但土料产地变化时须重新检测
	3	土颗粒粒径	mm	≤15	筛分法	柱坑按总数抽查10%,但不少于 5 个;基坑、沟槽每 10 m² 抽查 1 处,但不少于 5 处
	4	含水量(与要求的最优含水量比较)	%	±2	烘干法	应分层抽样检验土的干密度,当采用贯入仪或钢筋检验垫层的质量时,检验点的间距应小于 4 m。当取土样检验垫层的质量时,对大基坑每 50~100 m² 应不少于 1 个检验点;对基槽每 10~20 m 应不少于 1 个点;每个单独柱基应不少于 1 个点
	5	分层厚度偏差(与设计要求比较)	mm	±50	水准仪	柱坑按总数抽查10%,但不少于 5 个;基坑、沟槽每 10 m² 抽查 1 处,但不少于 5 处

二、砂和砂石地基

砂、石等原材料质量、配合比应符合设计要求,砂、石应搅拌均匀。施工过程中必须检查分层厚度、分段施工时搭接部分的压实情况、加水量、压实遍数、压实系数;施工结束后,应检验砂石地基的承载力。

砂和砂石地基的质量检验标准见表2-15。

表 2-15　砂及砂石地基质量检验标准

项	序	检 查 项 目	允许偏差或允许值		检 查 方 法	检 查 数 量
			单位	数量		
主控项目	1	地基承载力	设计要求		按规定方法	同灰土地基
	2	配合比	设计要求		检查拌合时的体积比或重量比	同灰土地基
	3	压实系数	设计要求		现场实测	同灰土地基
一般项目	1	砂石料有机质含量	%	≤5	焙烧法	随机抽查,但砂石料产地变化时须重新检测
	2	砂石料含泥量	%	≤5	水洗法	石子、砂的取样、检测,用大型工具(如火车、货船或汽车)运输至现场的,以 400 m³ 或 600 t 为一验收批;用小型工具(如马车等)运输的,以 200 m³ 或 300 t 为一验收批。不足上述数量者以一验收批取样
	3	石料粒径	mm	≤100	筛分法	
	4	含水量(与最优含水量比较)	%	±2	烘干法	每 50～100 m² 不少于 1 个检验点
	5	分层厚度(与设计要求比较)	mm	±50	水准仪	同灰土地基

三、粉煤灰地基

施工前应检查粉煤灰材料,并对基槽清底状况、地质条件予以检验;施工过程中应检查铺筑厚度、碾压遍数、施工含水量控制、搭接区碾压程度、压实系数等;施工结束后,应检验地基的承载力。

粉煤灰地基的质量检验标准见表2-16。

表 2-16　粉煤灰地基质量检验标准

项	序	检 查 项 目	允许偏差或允许值		检 查 方 法	检 查 数 量
			单位	数值		
主控项目	1	压实系数	设计要求		现场实测	每柱坑不少于 2 点;基坑每 20 m² 查 1 点,但不少于 2 点;基槽、管沟、路基面层每 20 m 查 1 点,但不少于 5 点;地面基层每 30～50 m² 查 1 点,但不少于 5 点;场地铺垫每 100～400 m² 查 1 点,但不得少于 10 点
	2	地基承载力	设计要求		按规定方法	同灰土地基

续表

项	序	检查项目	允许偏差或允许值		检查方法	检查数量
			单位	数值		
一般项目	1	粉煤灰粒径	mm	0.001～2.000	过筛	同一厂家、同一批次为一批
	2	氧化铝及二氧化硅含量	%	≥70	试验室化学分析	
	3	烧失量	%	≤12	试验室焙烧法	
	4	每层铺筑厚度	mm	±50	水准仪	同灰土地基
	5	含水量（与最优含水量比较）	%	±2	取样后试验室确定	对大基坑每 50～100 m² 应不少于 1 点,对基槽每 10～20 m 应不少于 1 个点,每个单独柱基应不少于 1 点

四、强夯地基

施工前应检查夯锤重量、尺寸,落距控制手段,排水设施及被夯地基的土质;施工中应检查落距、夯击遍数、夯点位置、夯击范围;施工结束后,检查被夯地基的强度并进行承载力检验。

强夯地基的质量检验标准见表 2-17。

表 2-17　强夯地基质量检验标准

项	序	检查项目	允许偏差或允许值		检查方法	检查数量
			单位	数量		
主控项目	1	地基强度	设计要求		按规定方法	对于简单场地上的一般建筑物,每个建筑物地基的检验点应不少于 3 处;对于复杂场地或重要建筑物地基应增加检验点数。检验深度应不小于设计处理的深度
	2	地基承载力	设计要求		按规定方法	同灰土地基
一般项目	1	夯锤落距	mm	±300	钢索设标志	每工作台班不少于 3 次
	2	锤重	kg	±100	称重	全数检查
	3	夯击遍数及顺序	设计要求		计数法	
	4	夯点间距	mm	±500	用钢尺量	可按夯击点数抽查 5%
	5	夯击范围（超出基础范围距离）	设计要求		用钢尺量	
	6	前后两遍间歇时间	设计要求			全数检查

五、注浆地基

施工前应掌握有关技术文件(注浆点位置、浆液配比、注浆施工技术参数、检测要求等)。浆液组成材料的性能应符合设计要求,注浆设备应确保正常运转;施工中应经常抽查浆液的配比及主要性能指标,注浆的顺序、注浆过程中的压力控制等;施工结束后,应检查注浆体强度、承载力等。检查孔数为总量的2%～5%,不合格率大于或等于20%时应进行二次注浆。检验应在注浆后15 d(砂土、黄土)或60 d(黏性土)进行。

注浆地基的质量检验标准见表2-18。

表2-18 注浆地基质量检验标准

项	序	检查项目	允许偏差或允许值		检查方法	检查数量
			单位	数值		
主控项目	1	原材料检验	水泥	设计要求		查产品合格证书或抽样送检	按同一生产厂家、同一等级、同一品种、同一批号且连续进场的水泥,袋装不超过200 t为一批,散装不超过500 t为一批,每批抽样不少于一次
			注浆用砂:粒径 细度模数 含泥量及有机物含量	mm %	<2.5 <2.0 <3	试验室试验	用大型工具(如火车、货船或汽车)运输至现场的,以400 m³或600 t为一验收批;用小型工具(如马车等)运输的,以200 m³或300 t为一验收批。不足上述数量者以一验收批取样
			注浆用黏土:塑性指数 黏粒含量 含砂量 有机物含量	% % %	>14 >25 <5 <3	试验室试验	根据土料供货质量和货源情况抽查
			粉煤灰:细度 烧失量	不粗于同时使用的水泥 %	<3	试验室试验	根据土料供货质量和货源情况抽查
			水玻璃:模数	2.5～3.3		抽样送检	同一厂家、同一品种为一批
			其他化学浆液	设计要求		查产品合格证书或抽样送检	
	2	注浆体强度	设计要求		取样检验	同灰土地基
	3	地基承载力	设计要求		按规定方法	

项	序	检查项目	允许偏差或允许值		检查方法	检查数量
			单位	数值		
一般项目	1	各种注浆材料称量误差	%	<3	抽查	随机抽查,每一台班不少于3次
	2	注浆孔位	mm	±20	用钢尺量	抽孔位的10%,且不少于3个
	3	注浆孔深	mm	±100	量测注浆管长度	
	4	注浆压力(与设计参数比)	%	±10	检查压力表读数	随机抽查,每一台班不少于3次

六、水泥土搅拌桩地基

施工前应检查水泥及外掺剂的质量、桩位、搅拌机工作性能及各种计量设备完好程度(主要是水泥浆流量计及其他计量装置);施工中应检查机头提升速度、水泥浆或水泥注入量、搅拌桩的长度及标高;施工结束后,应检查桩体强度、桩体直径及地基承载力。进行强度检验时,对承重水泥土搅拌桩应取90 d后的试件;对支护水泥土搅拌桩应取28 d后的试件。

水泥土搅拌桩地基的质量检验标准见表2-19。

表 2-19   水泥土搅拌桩地基质量检验标准

项	序	检查项目	允许偏差或允许值		检查方法	检查数量
			单位	数量		
主控项目	1	水泥及外掺剂质量	设计要求		查产品合格证书或抽样送检	水泥:按同一生产厂家、同一等级、同一品种、同一批号且连续进场的水泥,袋装不超过200 t为一批,散装不超过500 t为一批,每批抽样不少于一次。外加剂:按进场的批次和产品的抽样检验方案确定
	2	水泥用量	参数指标		查看流量计	每工作台班不少于3次
	3	桩体强度	设计要求		按规定方法	不少于桩总数的20%
	4	地基承载力	设计要求		按规定方法	总数的0.5%~1%,但应不少于3处。有单桩强度检验要求时,数量为总数的0.5%~1%,但应不少于3根
一般项目	1	机头提升速度	m/min	≤0.5	量机头上升距离及时间	抽20%且不少于3个
	2	桩底标高	mm	±200	测机头深度	
	3	桩顶标高	mm	+100 −50	水准仪(最上部500 mm不计入)	
	4	桩位偏差	mm	<50	用钢尺量	
	5	桩径		<0.04D	用钢尺量,D为桩径	
	6	垂直度	%	≤1.5	经纬仪	
	7	搭接	mm	>200	用钢尺量	

七、水泥粉煤灰碎石桩复合地基

水泥、粉煤灰、砂及碎石等原材料应符合设计要求。施工中应检查桩身混合料的配合比、坍落度和提拔钻杆速度(或提拔套管速度)、成孔深度、混合料灌入量等;施工结束后,对桩顶标高、桩位、桩体质量、地基承载力以及褥垫层的质量做检查。

水泥粉煤灰碎石桩复合地基的质量检验标准见表 2-20。

表 2-20　水泥粉煤灰碎石桩复合地基质量检验标准

项目	序	检查项目	允许偏差或允许值		检查方法	检查数量
			单位	数量		
主控项目	1	原材料	设计要求		查产品合格证书或抽样送检	设计要求
	2	桩径	mm	−20	用钢尺量或计算填料量	抽桩数 20%
	3	桩体强度	设计要求		查 28 d 试块强度	一个台班一组试块
	4	地基承载力	设计要求		按规定方法	同水泥土搅拌桩地基
一般项目	1	桩身完整性	按桩基检测技术规范		按桩基检测技术规范	(1)柱下三桩或三桩以下的承台抽检桩数不得少于 1 根; (2)设计等级为甲级,或地质条件复杂、成桩质量可靠性较低的灌注桩,抽检数量应不少于总桩数的 30%,且不得少于 20 根;其他桩基工程的抽检数量应不少于总桩数的 20%,且不得少于 10 根
	2	桩位偏差	满堂布桩 ≤0.40D 条基布桩 ≤0.25D		用钢尺量,D 为桩径	抽总桩数 20%
	3	桩垂直度	%	≤1.5	用经纬仪测桩管	
	4	桩长	mm	+100	测桩管长度或垂球测孔深	
	5	褥垫层夯填度		≤0.9	用钢尺量	桩坑按总数抽查 10%,但不少于 5 个;槽沟每 10 m 长抽查 1 处,且不少于 5 处;大基坑按 50~100 m² 抽查 1 处

注:1.夯填度指夯实后的褥垫层厚度与虚体厚度的比值。

　　2.桩径允许偏差负值是指个别断面。

八、地基工程施工常见质量问题

1. 出现橡皮土

1）现象

填土受夯打（碾压）后，基土发生颤动，受夯击（碾压）处下陷，四周鼓起，形成软塑状态，而体积并没有压缩，人踩上去有一种颤动的感觉。在人工填土地基内，成片出现这种橡皮土（又称弹簧土），将使地基的承载力降低，变形加大，地基长时间不能得到稳定。

2）原因分析

（1）土的含水量过大；

（2）有地表水或地下水的影响。

3）防治措施

（1）夯（压）实填土时，应适当控制填土的含水量，土的最优含水量可通过击实试验确定。工地简单检验，一般以手握成团、落地开花为宜。

（2）避免在含水量过大的黏土、粉质黏土、淤泥质土、腐殖土等原状土上进行回填。

（3）填方区如有地表水时，应设排水沟排走；有地下水应降低至基底 0.5 m 以下。

（4）暂停一段时间回填，使橡皮土含水量逐渐降低。

2. 地面隆起及翻浆

1）现象

夯击过程中地面出现隆起和翻浆现象。

2）原因分析

（1）夯点间距、落距、夯击数等参数设置有误；

（2）空隙水压力影响。

3）防治措施

（1）调整夯点间距、落距、夯击数等，使之不出现地面隆起和翻浆为准（视不同的土层、不同机具等确定）。

（2）施工前要进行试夯，确定各夯点相互干扰的数据、各夯点压缩变形的扩散角、各夯点达到要求效果的遍数及每夯一遍空隙水压力消散完的间歇时间。

（3）根据不同土层不同的设计要求，选择合理的操作方法（连夯或间夯等）。

（4）在易翻浆的饱和黏性土上，可在夯点下铺填砂石垫层，以利空隙水的消散，可一次铺成或分层铺填。

（5）尽量避免雨期施工，必须雨期施工时，要挖排水沟，设集水井，地面不得有积水，减少夯击数，增加空隙水的消散时间。

3. 水泥土搅拌桩桩顶强度低

1）现象

桩顶加固体强度低。

2）原因分析

（1）表层加固效果差，是加固体的薄弱环节；

（2）目前所确定的搅拌机械和拌合工艺，由于地基表面覆盖压力小，在拌合时土体上拱，不易拌合均匀。

3）防治措施

（1）将桩顶标高1 m内作为加强段，进行一次复拌加注浆，并提高水泥掺量，一般为15%左右。

（2）在设计桩顶标高时，应考虑需凿除0.5 m，以加强桩顶强度。

4. 水泥粉煤灰碎石桩缩颈、断桩

1）现象

成桩困难时，从工艺试桩中发现缩颈或断桩。

2）原因分析

（1）施工工艺、施工操作等不正确；

（2）混合料配合比不正确；雨期或冬期施工时保护措施不到位。

3）防治措施

（1）混合料的供应有两种方法。一是现场搅拌，一是商品混凝土。但都应注意做好季节施工保护。雨期防雨，冬期保温，都要苫盖，并保证灌入温度在5 ℃以上。

（2）每个工程开工前，都要做工艺试桩，以确定合理的工艺，并保证设计参数正确，必要时要做荷载试验桩。混合料的配合比在工艺试桩时进行试配，要严格按不同土层进行配料，搅拌时间要充分，每盘至少3 min。

（3）冬期施工，在冻层与非冻层接合部（超过接合部搭接1.0 m为好），要进行局部复打或局部翻插，克服缩颈或断桩。

（4）开槽与桩顶处理要合理选择施工方案，在桩顶处必须每1.0～1.5 m翻插一次，以保证设计桩径，桩体施工完毕待桩达到一定强度（一般7 d左右），方可进行开槽。

（5）施工中要详细、认真地做好施工记录及施工监测。如出现问题，应立即停止施工，找有关单位研究解决后方可施工。

（6）控制拔管速度，一般为1～1.2 m/min。用浮标观测（测每米混凝土灌量是否满足设计灌量）以找出缩颈部位，每拔管1.5～2.0 m，留振20 s左右（根据地质情况掌握留振次数与时间或者不留振）。

（7）出现缩颈或断桩，可采取扩颈方法（如复打法、反插法或局部反插法）或者加桩处理。

例题 2-3 某建筑工程建筑面积180 000 m²，现浇混凝土结构，筏形基础。地下2层，地上15层，基础埋深10.5 m。工程所在地区地下水位于基底标高以上，从南流向北，施工单位的降水方案是在基坑南边布置单排轻型井点。基坑开挖到设计标高以后，施工单位和监理单位对基坑进行验槽，并对基坑进行了钎探，发现地基西北角约有300 m²的软土区，监理工程师随即指令施工单位进行换填处理，换填级配碎石。

问题：

（1）施工单位和监理单位两家共同进行工程验槽的做法是否妥当？请说明理由。

（2）发现基坑底软土区后，进行基底处理的工作程序是怎样的？

(3) 上述描述中,有哪些是不符合规定的? 正确的做法应该是什么?

答案:

(1) 不妥。工程验槽应由建设单位、监理单位、施工单位、勘察单位和设计单位五方共同进行。地基处理意见也应该由勘察单位和设计单位提出。

(2) 应按以下程序处理:

①建设单位应要求勘察单位对软土区进行地质勘察;

②建设单位应要求设计单位根据勘察结果对软土区地基做设计变更;

③建设单位或授权监理单位研究设计单位所提交的设计变更方案,并就设计变更实施后的费用及工期与施工单位达成一致后,由施工单位根据设计变更进行地基处理;

④地基处理完成后,还需勘察单位、设计单位、建设单位、监理单位、施工单位共同验收,并办理隐检记录。

(3) 有以下不符合规定:

①地下水位于基底标高以上,施工单位的降水方案是只在基坑南边布置单排轻型井点,并不能将水降下去,应进行设计计算后,沿基坑四周每隔一定间距布设,从而达到降低基坑四周地下水位的效果,保证了基底的干燥、无水。

②换填的级配碎石应有压实密度的要求。

任务 4 桩基础工程质量控制与验收

桩基础工程的桩位验收,除设计有规定外,应按下述要求进行:当桩顶设计标高与施工场地标高相同时,或桩基施工结束后,有可能对桩位进行检查时,桩基工程的验收应在施工结束后进行;当桩顶设计标高低于施工场地标高,送桩后无法对桩位进行检查时,对打入桩可在每根桩桩顶沉至场地标高时,进行中间验收,待全部桩施工结束,承台或底板开挖到设计标高后,再做最终验收。对灌注桩可对护筒位置做中间验收。群桩桩位的放样允许偏差为 20 mm,单排桩桩位的放样允许偏差为 10 mm。

打(压)入桩(预制混凝土方桩、先张法预应力管桩、钢桩)的桩位偏差必须符合表 2-21 的规定。斜桩倾斜度的偏差不得大于倾斜角正切值的 15%(倾斜角系桩的纵向中心线与铅垂线间夹角)。

表 2-21　预制桩(钢桩)桩位的允许偏差/mm

项	项　目	允　许　偏　差
1	盖有基础梁的桩:(1)垂直基础梁的中心线 (2)沿基础梁的中心线	$100+0.01H$ $150+0.01H$
2	桩数为 1~3 根桩基中的桩	100
3	桩数为 4~16 根桩基中的桩	1/2 桩径或边长
4	桩数大于 16 根桩基中的桩:(1)最外边的桩 (2)中间桩	1/3 桩径或边长 1/2 桩径或边长

注:H 为施工现场地面标高与桩顶设计标高的距离。

灌注桩的桩位偏差必须符合表 2-22 的规定,桩顶标高至少要比设计标高高出 0.5 m,桩底清孔质量按不同的成桩工艺有不同的要求。每浇注 50 m³ 必须有 1 组试件,小于 50 m³ 的桩,每根桩必须有 1 组试件。

表 2-22　灌注桩的平面位置和垂直度的允许偏差

序号	成孔方法		桩径允许偏差/mm	垂直度允许偏差/(%)	桩位允许偏差/mm	
					1～3 根、单排桩基垂直于中心线方向和群桩基础的边桩	条形桩基沿中心线方向和群桩基础的中间桩
1	泥浆护壁钻孔桩	$D \leq 1000$ mm	± 50	1	$D/6$,且不大于 100	$D/4$,且不大于 150
		$D > 1000$ mm	± 50		$100 + 0.01H$	$150 + 0.01H$
2	套管成孔灌注桩	$D \leq 500$ mm	-20	<1	70	150
		$D > 500$ mm			100	150
3	干成孔灌注桩		-20	<1	70	150
4	人工挖孔桩	混凝土护壁	$+50$	<0.5	50	150
		钢套管护壁	$+50$	<1	100	200

注:1. 桩径允许偏差的负值是指个别断面。
　　2. 采用复打、反插法施工的桩,其桩径允许偏差不受上表限制。
　　3. H 为施工现场地面标高与桩顶设计标高的距离,D 为设计桩径。

工程桩应进行承载力检验。对于地基基础设计等级为甲级或地质条件复杂、成桩质量可靠性低的灌注桩,应采用静载荷试验的方法进行检验,检验桩数不应少于总数的 1%,且不应少于 3 根,当总桩数少于 50 根时,不应少于 2 根。

桩身质量应进行检验。对设计等级为甲级或地质条件复杂、成桩质量可靠性低的灌注桩,抽检数量不应少于总数的 30%,且不应少于 20 根;其他桩基工程的抽检数量不应少于总数的 20%,且不应少于 10 根;对混凝土预制桩及地下水位以上且终孔后经过核验的灌注桩,检验数量不应少于总桩数的 10%,且不得少于 10 根。每个柱子承台下不得少于 1 根。

一、静力压桩

施工前应对成品桩(锚杆静压成品桩一般均由工厂制造,运至现场堆放)做外观及强度检验,接桩用焊条或半成品硫黄胶泥应有产品合格证书,或送有关部门检验,压桩用压力表、锚杆规格及质量也应进行检查。硫黄胶泥半成品应每 100 kg 做一组试件(3 件);压桩过程中应检查压力、桩垂直度、接桩间歇时间、桩的连接质量及压入深度。重要工程应对电焊接桩的接头做 10% 的探伤检查。对承受反力的结构应加强观测;施工结束后,应做桩的承载力及桩体质量检验。

静力压桩质量检验标准见表 2-23。

表 2-23　静力压桩质量检验标准

项目	序	检查项目	允许偏差或允许值		检查方法	检查数量
			单位	数量		
主控项目	1	桩体质量检验	按基桩检测技术规范		按基桩检测技术规范	按设计要求
	2	桩位偏差	见表 2-21		用钢尺量	全数检查
	3	承载力	按基桩检测技术规范		按基桩检测技术规范	按设计要求
一般项目	1	成品桩质量:外观 外形尺寸 强度	表面平整、颜色均匀,掉角深度小于 10 mm,蜂窝面积小于总面积的 0.5% 见表 2-26 满足设计要求		直观 见表 2-26 查产品合格证书或钻芯试压	抽20% 抽20% 按设计要求
	2	硫黄胶泥质量(半成品)	设计要求		查产品合格证书或抽样送检	每 100 kg 做一组试件(3 件)。且一台班不少于 1 组
	3	接桩 电焊接桩:焊缝质量	按规范要求		按规范要求	抽20%接头
		电焊结束后停歇时间	min	>1.0	秒表测定	抽20%接头
		硫黄胶泥接桩:胶泥浇筑时间 浇筑后停歇时间	min min	<2 >7	秒表测定 秒表测定	全数检查
	4	电焊条质量	设计要求		查产品合格证书	全数检查
	5	压桩压力(设计有要求时)	%	±5	查压力表读数	一台班不少于 3 次
	6	接桩时上下节平面偏差	mm	<10	用钢尺量	抽桩总数20%
		接桩时节点弯曲矢高		<1/1000L	用钢尺量,L 为两节桩长	
	7	桩顶标高	mm	±50	水准仪	

先张法预应力管桩质量检验标准见表 2-24。

表 2-24　先张法预应力管桩质量检验标准

项目	序	检查项目	允许偏差或允许值		检查方法	检查数量
			单位	数量		
主控项目	1	桩体质量检验	按基桩检测技术规范		按基桩检测技术规范	按设计要求
	2	桩位偏差	见表 2-21		用钢尺量	全数检查
	3	承载力	按基桩检测技术规范		按基桩检测技术规范	按设计要求

续表

项	序	检查项目		允许偏差或允许值		检查方法	检查数量
				单位	数量		
一般项目	1	成品桩质量	外观	无蜂窝、露筋、裂缝,色感均匀,桩顶处无孔隙		直观	抽桩数20%
			桩径	mm	±5	用钢尺量	
			管壁厚度	mm	±5	用钢尺量	
			桩尖中心线	mm	<2	用钢尺量	
			顶面平整度	mm	10	用水平尺量	
			桩体弯曲		<1/1000L	用钢尺量,L为桩长	
	2	接桩:焊缝质量		按规范要求		按规范要求	抽20%桩接头
		电焊结束后停歇时间		min	>1.0	秒表测定	
		上下节平面偏差		mm	<10	用钢尺量	
		节点弯曲矢高			<1/1000L	用钢尺量,L为两节桩长	
	3	停锤标准		设计要求		现场实测或查沉桩记录	抽检20%
	4	桩顶标高		mm	±50	水准仪	抽桩总数20%

预制桩钢筋骨架质量检验标准见表2-25。

表 2-25 预制桩钢筋骨架质量检验标准/mm

项	序	检查项目	允许偏差或允许值	检查方法	检查数量
主控项目	1	主筋距桩顶距离	±5	用钢尺量	抽查20%
	2	多节桩锚固钢筋位置	5	用钢尺量	
	3	多节桩预埋铁件	±3	用钢尺量	
	4	主筋保护层厚度	±5	用钢尺量	
一般项目	1	主筋间距	±5	用钢尺量	
	2	桩尖中心线	10	用钢尺量	
	3	箍筋间距	±20	用钢尺量	
	4	桩顶钢筋网片	±10	用钢尺量	
	5	多节桩锚固钢筋长度	±10	用钢尺量	

钢筋混凝土预制桩质量检验标准见表2-26。

表 2-26　钢筋混凝土预制桩的质量检验标准

项	序	检查项目	允许偏差或允许值		检查方法	检查数量
			单位	数量		
主控项目	1	桩体质量检验	按基桩检测技术规范		按基桩检测技术规范	按设计要求
	2	桩位偏差	见表 2-21		用钢尺量	全数检查
	3	承载力	按基桩检测技术规范		按基桩检测技术规范	按设计要求
一般项目	1	砂、石、水泥、钢材等原材料（现场预制时）	符合设计要求		查出厂质保文件或抽样送检	按设计要求
	2	混凝土配合比及强度（现场预制时）	符合设计要求		检查称量及查试块记录	
	3	成品桩外形	表面平整,颜色均匀,掉角深度小于 10 mm,蜂窝面积小于总面积的 0.5%		直观	抽总桩数 20%
	4	成品桩裂缝（收缩裂缝或起吊、装运、堆放引起的裂缝）	深度小于 20 mm,宽度小于 0.25 mm,横向裂缝不超过边长的一半		裂缝测定仪,该项对地下水有侵蚀地区及锤击数超过 500 击的长桩不适用	全数检查
	5	成品桩尺寸:横截面边长	mm	±5	用钢尺量	抽总桩数 20%
		桩顶对角线差	mm	<10	用钢尺量	
		桩尖中心线	mm	<10	用钢尺量	
		桩身弯曲矢高		<1/1000L	用钢尺量,L 为桩长	
		桩顶平整度	mm	<2	用水平尺量	
	6	电焊接桩:焊缝质量	按规范要求		按规范要求	抽20%接头
		电焊结束后停歇时间	min	>1.0	秒表测定	全数检查
		上下节平面偏差	mm	<10	用钢尺量	全数检查
		节点弯曲矢高		<1/1000L	用钢尺量,L 为两节桩长	全数检查
	7	硫黄胶泥接桩:胶泥浇筑时间	min	<2	秒表测定	全数检查
		浇筑后停歇时间	min	>7	秒表测定	
	8	桩顶标高	mm	±50	水准仪	抽 20%
	9	停锤标准	设计要求		现场实测或查沉桩记录	

二、混凝土灌注桩

施工前应对水泥、砂、石子(如现场搅拌)、钢材等原材料进行检查,对施工组织设计中制定的施工顺序、监测手段(包括仪器、方法)也应检查;施工中应对成孔、清渣、放置钢筋笼、灌注混凝土都进行全过程检查,人工挖孔桩尚应复验孔底持力层土(岩)性。嵌岩桩必须有桩端持力层的岩性报告;施工结束后,应检查混凝土强度,并应做桩体质量及承载力的检验。

混凝土灌注桩的质量检验标准见表 2-27 和表 2-28。

表 2-27 混凝土灌注桩钢筋笼质量检验标准/mm

项	序	检查项目	允许偏差或允许值	检查方法	检查数量
主控项目	1	主筋间距	±10	用钢尺量	全数检查
	2	长度	±100	用钢尺量	
一般项目	1	钢筋材质检验	设计要求	抽样送检	按进场的批次和产品的抽样检验方案确定
	2	箍筋间距	±20	用钢尺量	抽20%桩数
	3	直径	±10	用钢尺量	

表 2-28 混凝土灌注桩质量检验标准

项	序	检查项目	允许偏差或允许值		检查方法	检查数量
			单位	数量		
主控项目	1	桩位	见表 2-22		基坑开挖前量护筒,开挖后量桩中心	全数检查
	2	孔深	mm	+300	只深不浅,用重锤测,或测钻杆、套管长度,嵌岩桩应确保进入设计要求的嵌岩深度	
	3	桩体质量检验	按基桩检测技术规范		按基桩检测技术规范	按设计要求
	4	混凝土强度	设计要求		试件报告或钻芯取样送检	每浇筑 50 m³ 必须有 1 组试件,小于 50 m³ 的桩,每根或每台班必须有 1 组试件
	5	承载力	按基桩检测技术规范。如钻芯取样,大直径嵌岩桩应钻至桩尖下 50 cm		按基桩检测技术规范	按设计要求
一般项目	1	垂直度	见表 2-22		测套管或钻杆,或用超声波探测,干施工时吊垂球	全数检查
	2	桩径	见表 2-22		井径仪或超声波检测,干施工时用钢尺量,人工挖孔桩不包括内衬厚度	
	3	泥浆比重(黏土或砂性土中)	1.15～1.20		用比重计测,清孔后在距孔底 50 cm 处取样	
	4	泥浆面标高(高于地下水位)	m	0.5～1.0	目测	
	5	沉渣厚度:端承桩　摩擦桩	mm　mm	≤50　≤150	用沉渣仪或重锤测量	
	6	混凝土坍落度:水下灌注　干施工	mm　mm	160～220　70～100	坍落度仪	每 50 m³ 或一根桩或一台班不少于 1 次

续表

项	序	检 查 项 目	允许偏差或允许值		检 查 方 法	检 查 数 量
			单位	数量		
一般项目	7	钢筋笼安装深度	mm	±100	用钢尺量	全数检查
	8	混凝土充盈系数	>1		检查每根桩的实际灌注量	
	9	桩顶标高	mm	+30 −50	水准仪,需扣除桩顶浮浆层及劣质桩体	全数检查

三、桩基础工程施工常见质量问题

1. 沉桩达不到设计要求

1）现象

桩设计时是以贯入度和最终标高作为施工的最终控制,一般情况以一种控制标准为主,个别工程设计人员要求双控,增加了困难,桩尖深度未达到设计深度。

2）原因分析

（1）持力层的起伏标高不明,致使设计考虑持力层或选择桩尖标高有误;

（2）对局部硬夹层或软夹层的透镜体勘探不明,或遇到地下障碍物,如大石块、混凝土块等;

（3）桩锤选择太小或太大,使桩沉不到或沉过设计要求的控制标高;

（4）桩顶打碎或桩身打断,致使桩不能继续打入。尤其是群桩,布桩过密,互相挤实,选择施打顺序又不合理。

3）预防措施

（1）详细探明工程地质情况,必要时应做补勘;正确选择持力层或标高,根据工程地质条件、断桩面及自重,合理选择施工机械与施工方法。

（2）防止桩顶打碎或桩身打断。

4）治理方法

（1）遇有硬夹层时,可采用植桩法、射水法或气吹法施工。植桩法施工即先钻孔,把硬夹层钻透,然后把桩插进孔内,再打至设计标高。钻孔的直径要求,以方桩为内切圆,空心圆管桩为圆管的内径为宜。无论采用植桩法、射水法或气吹法施工,桩尖至少进入未扰动土6倍桩径。

（2）桩如打不下去,可更换能量大的桩锤打击,并加厚缓冲垫层。

（3）选择合理的打桩顺序,特别是群桩,如若先打中间桩,后打四周桩,则桩会被抬起;反之,则很难打入,故应选用"之"字形或从中间分开向两侧对称施打的顺序。

（4）选择桩锤应以重锤低击的原则,这样容易贯入,可降低桩的损坏率。

（5）桩基础工程正式施打前,应做工艺试桩,以校核勘探与设计的合理性,重大工程还应做荷载试验桩,确定能否满足设计要求。

2. PHC管桩桩身破坏

1）现象

PHC管桩桩身破坏。

2）原因分析

(1) 管桩产品质量存在问题；

(2) 管桩运输及堆放方法不当，如桩身发生滚动、堆桩过高等；

(3) 吊装方法不当，如拖桩等；

(4) 抱压压力过大，破坏桩身。

3）防治措施

(1) 选择质量有保证的管桩供应商。

(2) 控制管桩的吊装与运输：达到设计强度的 70% 方可起吊，达到 100% 方可运输及打桩。

(3) 注意管桩堆放，外径 300～400 mm 的桩叠层不宜超过 5 层。

(4) 严禁出现拖桩现象。

(5) 合理选择压桩设备及抱压压力。

3. 桩身混凝土质量差

1）现象

桩身表面有蜂窝、空洞，桩身夹土、分段级配不均匀，浇筑混凝土后的桩顶浮浆过多。

2）原因分析

(1) 浇筑混凝土或放入钢筋笼时，孔壁受到振动，使孔壁土同混凝土一起灌入孔中，造成桩身夹土；

(2) 混凝土和易性不好，浇筑时发生离析现象，使桩身出现分段不均匀的情况；

(3) 水泥过期，骨料含泥量大，配合比不当等，造成桩身强度低；

(4) 浇筑混凝土时，孔口未放铁板或漏斗，使孔口浮土混入。

3）预防措施

(1) 严格按照混凝土操作规程施工。为了保证混凝土和易性，可掺入外加剂等。严禁把土及杂物和在混凝土中一起灌入孔内。

(2) 浇筑混凝土前必须先放好钢筋笼，避免在浇筑混凝土过程中吊放钢筋笼。

(3) 浇筑混凝土前，先在孔口放好铁板或漏斗，以防止回落土掉入孔内。

(4) 雨季施工孔口要做围堰，防止雨水灌孔影响质量。

(5) 桩孔较深时，可吊放振捣棒振捣，以保证桩底部密实度。

4）治理方法

(1) 如情况不严重且单桩承载力不大，则可采取加大承台梁的办法解决。

(2) 如有严重质量问题，则按桩身断裂处理。

(3) 按照浇筑混凝土的质量要求，除要做标准养护混凝土试块外，还要在现场做试块，以验证所浇筑混凝土的质量，并为今后补救措施提供依据。

(4) 浇筑混凝土时，应随浇筑随振捣，每次浇灌高度不得超过 1.5 m；大直径桩振捣应至少插入 2 个位置，振捣时间不少于 30 s。

4. 塌孔

1）现象

成孔后，孔壁局部塌落。

2) 原因分析

(1) 护壁泥浆密度和浓度不足,在孔壁形成的泥皮不好,起不到护壁作用。孔内浆位低于孔外水位或孔内出现承压水,降低了静水压力。

(2) 安装钢筋笼时碰撞孔壁,破坏了泥皮和孔壁土体结构。

(3) 在较差土层中如淤泥、松散砂层中钻进时,进尺太快或停在某一土层时空转时间太长,或排除较大障碍物形成大空洞而漏水致孔壁坍塌。

3) 防治措施

(1) 控制成孔速度。成孔速度应根据土质情况选取,在松散砂土中钻进时,应控制进尺,并选用较大密度、黏度、胶体率的优质泥浆。

(2) 提高孔内水位高度,增大水头。

(3) 安装钢筋笼时应防止钢筋笼碰撞孔壁。

例题 2-4　某市一制品厂新建 56 000 m² 钢结构厂房,其中 A 至 B 轴为额外二层框架结构的办公楼,基础为桩承台基础,一层地面为 C20 厚 150 mm 混凝土。2007 年开工,2008 年竣工。施工图中设计有 15 处预应力混凝土管桩基础,在施工后,现场检查发现如下事件:

事件一:有 5 根桩深度不够。

事件二:有 3 根桩桩身断裂。

另施工图 B 处还设计有桩承台基础,放线人员由于看图不细,承台基础超挖 0.5 m;由于基坑和地面回填土不密实,致使地面沉降开裂严重。

问题:

(1) 简述事件一质量问题发生的原因及预防措施。

(2) 简述事件二质量问题发生的原因及预防措施。

(3) 超挖部分是否需要处理? 如何处理?

(4) 回填土不密实的现象、原因及防治方法是什么?

答案:

(1) 事件一质量问题发生的原因为:

①勘探资料不明,致使设计考虑持力层或选择桩长有误。

②勘探工作以点带面,对局部硬、软夹层及地下障碍物等了解不清。

③以新近代砂层为持力层或穿越较厚的砂夹层,由于其结构的不稳定,同一层土的强度差异很大,桩沉入到该层时,进入持力层较深才能达到贯入度或容易穿越砂夹层,但群桩施工时,砂层越挤越密,最后会有桩不再下沉的现象。

预防措施为:

①详细探明工程地质情况,必要时应进行补勘,正确选择持力层或标高。

②根据工程地质条件,合理选择施工方法及压桩顺序。

③桩如果打不下去,可更换能量大的桩锤打击,并加厚缓冲垫层。

(2) 事件二质量问题发生的原因为:

①桩入土后,遇到大块坚硬障碍物,把桩尖挤向一侧。

②两节桩或多节桩施工时,相接的两桩不在同一轴线上,产生了曲折。

③桩数较多,土饱和密实,桩间距较小,在沉桩时土被挤到极限密实度而向上隆起,相邻的桩被浮起。

④在软土地基进行较密集的群桩施工时,由于沉桩引起的孔隙水压力把相邻的桩推向一侧

或浮起。

预防措施为：

①施工前应将桩下障碍物清理干净，桩身弯曲超过规定或桩尖与桩身纵轴线偏离过大超过规定的桩不宜使用。

②在稳桩过程中，发现桩不垂直应及时纠正，接桩时要保证上下两节桩在同一轴线上，保证接头质量。

③采用井点降水、砂井或盲沟等降水或排水措施。

④沉桩期间不得开挖基坑，一般宜在沉桩结束两周左右开挖基坑，宜对称开挖。

⑤软土地基中桩顶位移处理可采用纠倾（反位移）或补桩方法，但均须征得设计单位的同意。

（3）超挖部分需要处理。应会同设计人员共同商定处理方法，通常可采用回填夹砂石、石屑、粉煤灰、3∶7或2∶8灰土等，并夯实。

（4）回填土不密实的现象为：回填土经夯实或碾压后，其密实度达不到设计要求，在荷载作用下变形增大，强度和稳定性下降。

回填土不密实的原因为：

①土的含水量过大或过小，因而达不到最优含水量下的密实度要求。

②填方土料不符合要求。

③碾压或夯实机具能量不够，达不到影响深度要求，使土的密实度降低。

防治方法为：

①不合要求的土料挖出换土，或掺入石灰、碎石等夯实加固。

②因含水量过大而达不到密实度的土层，可翻松晾晒、风干，或均匀掺入干土等吸水材料，重新夯实。

③含水量小或碾压机能量过小时，可采用增加夯实遍数或使用大功率压实机碾压等措施。

任务 5 地下防水工程质量控制与验收

地下防水工程是对房屋建筑、防护工程、市政隧道、地下铁道等地下工程进行防水设计、防水施工和维护管理等各项技术工作的工程实体。地下工程的防水等级标准见表 2-29。

表 2-29 地下工程防水等级标准

防水等级	标准
1级	不允许渗水，结构表面无湿渍
2级	不允许漏水，结构表面可有少量湿渍 工业与民用建筑：湿渍总面积不大于总防水面积的1‰，单个湿渍面积不大于0.1 m²，任意100 m²防水面积不超过1处 其他地下工程：湿渍总面积不应大于总防水面积的2‰；任意100 m²防水面积上的湿渍不超过3处，单个湿渍的最大面积不大于0.2 m²；其中，隧道工程平均渗水量不大于0.05 L/(m²·d)，任意100 m²防水面积上的渗水量不大于0.15 L/(m²·d)

防水等级	标　准
3 级	有少量漏水点,不得有线流和漏泥砂 任意 100 m² 防水面积不超过 7 处,单个漏水点的漏水量不大于 2.5 L/d,单个湿渍面积不大于 0.3 m²
4 级	有漏水点,不得有线流和漏泥砂整个工程平均漏水量不大于 2 L/(m²·d),任意 100 m² 防水面积的平均漏水量不大于 4 L/(m²·d)

地下防水工程必须由持有资质等级证书的防水专业队伍进行施工,主要施工人员应持有省级及以上建设行政主管部门或其指定单位颁发的执业资格证书或防水专业岗位证书。地下防水工程的施工,应建立各道工序的自检、交接检和专职人员检查的制度,并有完整的检查记录。工程隐蔽前,应由施工单位通知有关单位进行验收,并形成隐蔽工程验收记录;未经监理单位或建设单位代表对上道工序的检查确认,不得进行下道工序的施工。

地下防水工程施工前,应通过图纸会审,掌握结构主体及细部构造的防水要求,施工单位应编制防水工程专项施工方案,经监理单位或建设单位审查批准后执行。

防水材料的进场验收应对材料的外观、品种、规格、包装、尺寸和数量以及材料的质量证明文件等进行检查验收,并经监理单位或建设单位代表检查确认,形成相应验收记录;材料进场后应按规定抽样检验,检验应执行见证取样送检制度,并出具材料进场检验报告;材料的物理性能检验项目全部指标达到标准规定时,即为合格;若有一项指标不符合标准规定,应在受检产品中重新取样进行该项指标复验,复验结果符合标准规定,则判定该批材料为合格。

地下防水工程施工期间,必须保持地下水位稳定在工程底部最低高程 0.5 m 以下,必要时应采取降水措施。对采用明沟排水的基坑,应保持基坑干燥。地下防水工程的防水层,严禁在雨天、雪天和五级风及其以上时施工,其施工环境气温条件宜符合表 2-30 的规定。

表 2-30　防水材料施工环境气温条件

防水材料	施工环境气温条件
高聚物改性沥青防水卷材	冷粘法、自粘法不低于 5 ℃,热熔法不低于−10 ℃
合成高分子防水卷材	冷粘法、自粘法不低于 5 ℃,焊接法不低于−10 ℃
有机防水涂料	溶剂型−5～35 ℃,反应型、溶乳型 5～35 ℃
无机防水涂料	5～35 ℃
防水混凝土、水泥砂浆	5～35 ℃
膨润土防水涂料	不低于−20 ℃

一、防水混凝土工程

防水混凝土适用于抗渗等级不小于 P6 的地下混凝土结构,不适用于环境温度高于 80 ℃的地下工程。处于侵蚀性介质中,防水混凝土的耐侵蚀性要求应符合规定。

防水混凝土的配合比应经试验确定,并应符合下列规定:

(1) 试配要求的抗渗水压值应比设计值提高 0.2 MPa。

(2) 混凝土胶凝材料总量不宜少于 320 kg/m³,其中水泥用量不宜少于 260 kg/m³;粉煤灰掺量宜为胶凝材料总量的 20%～30%,硅粉的掺量宜为胶凝材料总量的 2%～5%。

(3) 水胶比不得大于 0.50,有侵蚀性介质时水胶比不宜大于 0.45。

(4) 砂率宜为 35%～40%,泵送时可增加到 45%。

(5) 灰砂比宜为 1∶1.5～1∶2.5。

(6) 混凝土拌合物的氯离子含量不应超过胶凝材料总量的 0.1%;混凝土中各类材料的总碱量即 Na_2O 当量不得大于 3 kg/m³。

防水混凝土采用预拌混凝土时,入泵坍落度宜控制在 120～140 mm,坍落度每小时损失不应大于 20 mm,坍落度总损失值不应大于 40 mm。

混凝土拌制和浇筑过程控制应符合下列规定:

(1) 拌制混凝土所用材料的品种、规格和用量,每工作班检查不应少于两次。每盘混凝土各组成材料计量结果的偏差应符合表 2-31 的规定。

表 2-31　混凝土组成材料计量结果的允许偏差/(%)

混凝土组成材料	每 盘 计 量	累 计 计 量
水泥、掺合料	±2	±1
粗、细骨料	±3	±2
水、外加剂	±2	±1

注:累计计量仅适用于微机控制计量的搅拌站。

(2) 混凝土在浇筑地点的坍落度,每工作班至少检查两次。混凝土的坍落度试验应符合现行《普通混凝土拌合物性能试验方法标准》(GB/T 50080)的有关规定。混凝土实测的坍落度与要求坍落度之间的偏差应符合表 2-32 的规定。

表 2-32　混凝土坍落度允许偏差

要求坍落度/mm	允许偏差/mm
≤40	±10
50～90	±15
≥100	±20

(3) 当防水混凝土拌合物在运输后出现离析时,必须进行二次搅拌。当坍落度损失后不能满足施工要求时,应加入原水胶比的水泥浆或掺加同品种的减水剂进行搅拌,严禁直接加水。

防水混凝土工程的质量检验标准见表 2-33。

表 2-33　防水混凝土工程质量检验标准

项	序	检查项目	质量要求	检查方法	检查数量
主控项目	1	原材料、配合比及坍落度	必须符合设计要求	检查产品合格证、产品性能检测报告、计量措施和材料进场检验报告	按混凝土外露面积每 100 m² 抽查 1 处，每处 10 m²，且不得少于 3 处
	2	抗压强度和抗渗性能		检查混凝土抗压强度、抗渗性能检验报告	
	3	变形缝、施工缝、后浇带、穿墙管、埋设件等的设置和构造		观察检查和检查隐蔽工程验收记录	
一般项目	1	表面质量	表面应坚实、平整，不得有露筋、蜂窝等缺陷；埋设件位置应准确	观察检查	
	2	结构表面的裂缝宽度	不应大于 0.2 mm，且不得贯通	用刻度放大镜检查	
	3	结构厚度、迎水面钢筋保护层厚度	结构厚度不应小于 250 mm，其允许偏差应为 ＋8 mm、－5 mm；主体结构迎水面钢筋保护层厚度不应小于 50 mm，其允许偏差为 ±5 mm	尺量检查和检查隐蔽工程验收记录	

二、水泥砂浆防水层

水泥砂浆防水层适用于地下工程主体结构的迎水面或背水面。不适用于受持续振动或环境温度高于 80 ℃的地下工程。

水泥砂浆防水层应采用聚合物水泥防水砂浆、掺外加剂或掺合料的防水砂浆。水泥应使用普通硅酸盐水泥、硅酸盐水泥或特种水泥，不得使用过期或受潮结块的水泥。砂宜采用中砂，含泥量不应大于 1%，硫化物和硫酸盐含量不得大于 1%。水应采用不含有害物质的洁净水。聚合物乳液的外观为均匀液体，无杂质、无沉淀、不分层。外加剂的技术性能应符合国家或行业有关标准的质量要求。

水泥砂浆终凝后应及时进行养护，养护温度不宜低于 5 ℃，并应保持砂浆表面湿润，养护时间不得少于 14 d。聚合物水泥防水砂浆未达到硬化状态时，不得浇水养护或直接受雨水冲刷，硬化后应采用干湿交替的养护方法。潮湿环境中，可在自然条件下养护。

水泥砂浆防水层的质量检验标准见表 2-34。

表 2-34　水泥砂浆防水层质量检验标准

项	序	检查项目	质量要求	检查方法	检查数量
主控项目	1	原材料、配合比	必须符合设计要求	检查产品合格证、产品性能检测报告、计量措施和材料进场检验报告	按施工面积每100 m² 抽查 1 处，每处 10 m²，且不得少于 3 处
	2	粘结强度和抗渗性能		检查砂浆粘结强度、抗渗性能检验报告	
	3	防水层与基层之间接合面	接合牢固，无空鼓现象	观察和用小锤轻击检查	
一般项目	1	表面质量	表面应密实、平整，不得有裂纹、起砂、麻面等缺陷	观察检查	
	2	施工缝	施工缝留槎位置应正确，接槎应按层次顺序操作，层层搭接紧密	观察检查和检查隐蔽工程验收记录	
	3	厚度	平均厚度应符合设计要求，最小厚度不得小于设计值的 85%	用针测法检查	
	4	表面平整度	允许偏差应为 5 mm	用 2 m 靠尺和楔形塞尺检查	

三、卷材防水层

卷材防水层适用于受侵蚀性介质作用或受振动作用的地下工程；卷材防水层应铺设在主体结构的迎水面。

卷材防水层应采用高聚物改性沥青防水卷材和合成高分子防水卷材。所选用的基层处理剂、胶粘剂、密封材料等均应与铺贴的卷材相匹配。铺贴防水卷材前，基面应干净、干燥，并应涂刷基层处理剂；当基面潮湿时，应涂刷湿固化型胶粘剂或潮湿界面隔离剂。基层阴阳角应做成圆弧或 45°坡角，其尺寸应根据卷材品种确定；在转角处、变形缝、施工缝、穿墙管等部位应铺贴卷材加强层，加强层宽度不应小于 500 mm。防水卷材的搭接宽度应符合表 2-35 的要求。铺贴双层卷材时，上下两层和相邻两幅卷材的接缝应错开 1/3～1/2 幅宽，且两层卷材不得相互垂直铺贴。

表 2-35　防水卷材的搭接宽度

卷材品种	搭接宽度/mm
弹性体改性沥青防水卷材	100
改性沥青聚乙烯胎防水卷材	100
自粘聚合物改性沥青防水卷材	80
三元乙丙橡胶防水卷材	100/60（胶黏剂/胶结带）
聚氯乙烯防水卷材	60/80（单面焊/双面焊）
	100（胶粘剂）
聚乙烯丙纶复合防水卷材	100（粘结料）
高分子自粘胶膜防水卷材	70/80（自粘胶/胶结带）

卷材防水层完工并经验收合格后应及时做保护层,保护层应符合下列规定:

(1)顶板的细石混凝土保护层与防水层之间宜设置隔离层。细石混凝土保护层厚度:机械回填时不宜小于 70 mm,人工回填时不宜小于 50 mm。

(2)底板的细石混凝土保护层厚度不应小于 50 mm。

(3)侧墙宜采用软质保护材料或铺抹 20 mm 厚 1∶2.5 水泥砂浆。

卷材防水层的质量检验标准见表 2-36。

表 2-36 卷材防水层质量检验标准

项	序	检查项目	质量要求	检查方法	检查数量
主控项目	1	卷材及其配套材料	必须符合设计要求	检查产品合格证、产品性能检测报告和材料进场检验报告	按铺贴面积每 100 m² 抽查 1 处,每处 10 m²,且不得少于 3 处
	2	转角处、变形缝、施工缝、穿墙管等部位做法		观察检查和检查隐蔽工程验收记录	
一般项目	1	搭接缝	应粘贴或焊接牢固,密封严密,不得有扭曲、皱折、翘边和起泡等缺陷	观察检查	
	2	搭接宽度	采用外防外贴法铺贴卷材防水层时,立面卷材接槎的搭接宽度,高聚物改性沥青类卷材应为 150 mm,合成高分子类卷材应为 100 mm,且上层卷材应盖过下层卷材	观察和尺量检查	
	3	保护层	侧墙卷材防水层的保护层与防水层应接合紧密,保护层厚度应符合设计要求		
	4	搭接宽度的允许偏差	应为 −10 mm		

四、涂料防水层

涂料防水层适用于受侵蚀性介质作用或受振动作用的地下工程;有机防水涂料宜用于主体结构的迎水面,无机防水涂料宜用于主体结构的迎水面或背水面。

有机防水涂料应采用反应型、水乳型、聚合物水泥等涂料;无机防水涂料应采用掺外加剂、掺合料的水泥基防水涂料或水泥基渗透结晶型防水涂料。有机防水涂料基面应干燥,当基面较潮湿时,应涂刷湿固化型胶结剂或潮湿界面隔离剂;无机防水涂料施工前,基面应充分润湿,但不得有明水。

多组分涂料应按配合比准确计量,搅拌均匀,并应根据有效时间确定每次配制的用量。涂料应分层涂刷或喷涂,涂层应均匀,涂刷应待前遍涂层干燥成膜后进行,每遍涂刷时应交替改变涂层的涂刷方向,同层涂膜的先后搭压宽度宜为 30～50 mm。涂料防水层的甩槎处接缝宽度不应小于 100 mm,接涂前应将其甩槎表面处理干净。采用有机防水涂料时,基层阴阳角处应做成圆弧,在转角处、变形缝、施工缝、穿墙管等部位应增加胎体增强材料和增涂防水涂料,宽度不应小于 50 mm。胎体增强材料的搭接宽度不应小于 100 mm,上下两层和相邻两幅胎体的接缝应错开 1/3 幅宽,且上下两层胎体不得相互垂直铺贴。

涂料防水层完工并经验收合格后应及时做保护层,保护层应符合下列规定:

(1)顶板的细石混凝土保护层与防水层之间宜设置隔离层。细石混凝土保护层厚度:机械回填时不宜小于 70 mm,人工回填时不宜小于 50 mm。

(2)底板的细石混凝土保护层厚度不应小于 50 mm。

(3)侧墙宜采用软质保护材料或铺抹 20 mm 厚 1:2.5 水泥砂浆。

涂料防水层的质量检验标准见表 2-37。

表 2-37　涂料防水层质量检验标准

项	序	检查项目	质量要求	检查方法	检查数量
主控项目	1	材料、配合比	必须符合设计要求	检查产品合格证、产品性能检测报告、计量措施和材料进场检验报告	按涂层面积每 100 m² 抽查 1 处,每处 10 m²,且不得少于 3 处
	2	转角处、变形缝、施工缝、穿墙管等部位做法		观察检查和检查隐蔽工程验收记录	
	3	厚度	平均厚度应符合设计要求,最小厚度不得低于设计厚度的 90%	用针测法检查	
一般项目	1	与基层粘结	应粘结牢固、涂刷均匀,不得流淌、鼓泡、露槎	观察检查	
	2	胎体增强材料	涂层间夹铺胎体增强材料时,应使防水涂料浸透胎体覆盖完全,不得有胎体外露现象		
	3	保护层	侧墙涂料防水层的保护层与防水层应接合紧密,保护层厚度应符合设计要求		

五、地下防水工程施工常见质量问题

1. 地下室穿墙管部位渗漏

1)现象

地下水位较高,在一定水压力作用下,地下水沿穿墙管道与地下室混凝土墙的接触部位渗入室内。

2）原因分析

穿墙管道一般为钢管或铸铁管，外壁比较光滑，与混凝土、砖砌体很难紧密接合，接缝部位就成为渗水的主要通道。

（1）穿墙管道的位置在土建施工时未预留，安装管道时在墙上凿孔，破坏了墙壁的整体防水性能，埋设管道后，填缝的细石混凝土、水泥砂浆等嵌填不密实；

（2）预先埋入套管的直径较大时，管底部的墙体混凝土振捣较为困难，在此部位出现蜂窝等；

（3）穿墙管道的安装位置未设置止水法兰盘；

（4）将止水法兰盘直接焊在穿墙管道上，混凝土浇筑后与穿墙管道固结一体，发生不均匀沉降时，穿墙管道无变形能力；

（5）穿墙的热力管道由于处理不当，或只按常温穿墙管道处理，在温差作用下管道发生胀缩变形，在墙体内往复活动，造成管道周边防水层破坏。

3）防治措施

（1）快硬水泥胶浆堵漏法。先在地下水混凝土墙的外侧沿管道四周凿出一条宽 30 mm、深 40 mm 的凹槽，用清水清洗干净；若穿墙管道外部有锈蚀，需用砂纸打磨除去锈斑浮皮，然后用溶剂清洗干净。在集中漏水点的位置继续凿至 70 mm 深，用一根直径 10 mm 的塑料管对准漏水点，再用快硬水泥胶浆将其固结，观察漏水是否从塑料管中流出，若不能流出则需凿开重做，直至漏水能从塑料管中流出为止；用快硬水泥胶浆对漏水部位逐点封堵，直至全部封堵完毕。再在快硬水泥胶浆表面涂抹水泥素浆和水泥砂浆各一道，厚 6～7 mm，待砂浆具有一定强度后，在上面涂刷两道聚氨酯防水涂料或其他柔性防水涂料，厚约 2 mm，再用无机铝盐防水砂浆做保护层，分两道进行，厚度为 15～20 mm，并抹平压光，湿润养护 7 d。在确认除引水软管外，在穿墙管四周已无渗漏时，将软管拔出，然后在孔中注入丙烯酰胺浆材，进行堵水，注浆压力为 0.32 MPa，漏点封住后，用快硬水泥封孔。

（2）遇水膨胀橡胶堵漏法。先沿穿墙管道周围混凝土墙上凿出一条宽 30 mm、深 40 mm 的凹槽，用清水清洗干净；然后剪一条宽 30 mm、厚 30 mm 的遇水膨胀橡胶条，长度以绕管一周为准，在接头处插入一根直径 10 mm 的引水管，并使其对准漏水点，经过一昼夜后，遇水膨胀橡胶已充分膨胀，主要的渗水点已被封住，然后喷涂水玻璃浆液，喷涂厚度为 1～1.5 mm。然后沿橡胶条与穿墙管道混凝土的接缝涂刷两遍聚氨酯或硅橡胶防水涂料，厚 3～5 mm，随即撒上热干砂。再用阳离子氯丁胶乳水泥砂浆（水泥∶中砂∶胶乳∶水＝1∶2∶0.4∶0.2）涂抹厚 15 mm 的刚性防水层，待这层防水层达到强度后，拔出引水胶管，用堵漏浆液注浆堵水。

2. 高聚物改性沥青卷材搭接处渗水

1）现象

铺贴后的卷材甩槎被污损破坏，或立面保护墙的卷材被撕破，层次不清，无法搭接。

2）原因分析

（1）临时保护墙砌筑强度高，不易拆除，或拆除时不仔细，没有采取相应的保护措施。

（2）施工现场组织管理不善，工序搭接不紧凑；排降水措施不完善，水位回升，浸泡、沾污了卷材搭接处。

（3）在缺乏保护措施的情况下，底板垫层四周架空并伸向立墙卷铺的卷材，更易污损破坏。

3）防治措施

从混凝土底板下面甩出的卷材可刷油铺贴在永久性保护墙上，但超出永久性保护墙部位的卷材不刷油铺实，而用附加保护油毡包裹钉在木砖上，待完成主体结构、拆除临时保护墙时，撕去附加保护油毡，可使内部各层卷材完好无缺。

例题 2-5 某办公楼工程，建筑面积 82 000 m²，地下 3 层，地上 20 层，钢筋混凝土框架剪力墙结构，距邻近 6 层住宅楼 7 m，地基土层为粉质黏土和粉细砂，地下水为潜水。地下水位 －9.5 m，自然地面 －0.5 m，基础为筏板基础，埋深 14.5 m，基础底板混凝土厚 1500 mm，水泥采用普通硅酸盐水泥，采取整体连续分层浇筑方式施工，基坑支护工程委托有资质的专业单位施工，降排的地下水用于现场机具、设备清洗，主体结构选择有相应资质的 A 劳务公司作为劳务分包，并签订了劳务分包合同。

建筑防水施工中发现地下水外壁防水混凝土施工缝有多处出现渗漏水。

问题：

试述建筑防水施工中质量问题产生的原因和治理方法。

答案：

原因分析：

①施工缝留的位置不当；

②在支模和绑钢筋的过程中，锯末、铁钉等杂物掉入缝内没有及时清除，浇筑上层混凝土后，在新旧混凝土之间形成夹层；

③在浇筑上层混凝土时，没有先在施工缝处铺一层水泥浆或水泥砂浆，上、下层混凝土不能牢固粘结；

④钢筋过密，内外模板距离狭窄，混凝土浇捣困难，施工质量不易保证；

⑤下料方法不当，骨料集中于施工缝处；

⑥浇筑地面混凝土时，因工序衔接等原因造成新老接槎部位产生收缩裂缝。

治理方法如下：

①根据渗漏、水压大小情况，采用促凝胶浆或氰凝灌浆堵漏；

②不渗漏的施工缝，可沿缝剔成八字形凹槽，将松散石子剔除，刷洗干净，用水泥素浆打底，抹 1∶2.5 水泥砂浆找平压实。

项目小结

本章主要介绍了土方工程质量控制与验收、基坑工程质量控制与验收、地基工程质量控制与验收、桩基础质量控制与验收及地下防水工程质量控制与验收五大部分内容。

土方工程质量控制与验收包括土方开挖工程质量控制与验收和土方回填工程质量控制与验收。

基坑工程质量控制与验收包括排桩墙支护工程质量控制与验收、水泥土桩墙支护工程质量控制与验收、锚杆及土钉墙支护工程质量控制与验收、钢或混凝土支撑系统工程质量控制与验收、地下连续墙工程质量控制与验收及降水与排水工程质量控制与验收。

地基工程质量控制与验收包括灰土地基质量控制与验收、砂和砂石地基质量控制与验收、粉煤灰地基质量控制与验收、强夯地基质量控制与验收、注浆地基质量控制与验收、水泥土搅拌桩地基质量控制与验收及水泥粉煤灰碎石桩复合地基质量控制与验收。

桩基础质量控制与验收包括静力压桩质量控制与验收和混凝土灌注桩质量控制与验收。

地下防水工程质量控制与验收包括防水混凝土工程质量控制与验收、水泥砂浆防水层质量控制与验收、卷材防水层质量控制与验收及涂料防水层质量控制与验收。

 习题

一、单项选择题

1.采用机械挖土时,应预留(　　)cm 厚的土层经人工开挖。

A.10～20　　　　　B.20～30　　　　　C.30～40　　　　　D.0

2.填筑厚度及压实遍数应根据土质、(　　)及所用机具确定。

A.压实系数　　　B.排水措施　　　C.每层填筑厚度　　　D.含水量控制

3.混凝土支撑系统平面位置的检查方法为(　　)。

A.经纬仪　　　B.水准仪　　　C.用钢尺量　　　D.水平尺

4.永久性结构的地下墙,在钢筋笼沉放后,应做二次清孔,(　　)应符合要求。

A.泥浆比重　　　B.钢筋笼尺寸　　　C.浇筑导管位置　　　D.沉渣厚度

5.采用挖掘机等机械挖土时,应使地下水位经常低于开挖底面不少于(　　)mm。

A.250　　　　　B.500　　　　　C.750　　　　　D.1000

6.土颗粒粒径的检查方法是(　　)。

A.烘干法　　　B.筛分法　　　C.钢尺　　　D.水准仪

7.砂和砂石地基的最优含水量可用(　　)求得。

A.轻型击实试验　　　B.环刀取样试验　　　C.烘干试验　　　D.称重试验

8.袋装水泥进场总重量为 1100 t,检查时应划分为(　　)个检验批。

A.4　　　　　B.5　　　　　C.6　　　　　D.7

9.静力压桩采用硫黄胶泥接桩时,胶泥浇筑时间要小于(　　)min。

A.1　　　　　B.2　　　　　C.3　　　　　D.4

10.混凝土后浇带应采用(　　)混凝土。

A.强度等于两侧的　　　B.缓凝　　　C.补偿收缩　　　D.早期强度高的

二、思考题

1.简述静力压桩质量检验的检查项目。

2.简述混凝土灌注桩的质量控制点。

3.简述防水混凝土、水泥砂浆防水、卷材防水、涂料防水的适用条件。

三、案例题

案例一:

某办公楼工程,建筑面积 18 500 m²,现浇钢筋混凝土框架结构,筏板基础。该工程位于市中心,场地狭小,开挖土方需运至指定地点,建设单位通过公开招标方式选定了施工总承包单位

和监理单位,并按规定签订了施工总承包合同和监理委托合同。

合同履行过程中,施工总承包单位依据基础形式、工程规模、现场和机具设备条件以及土方机械的特点,选择了挖土机、推土机、自卸汽车等土方施工机械,编制了土方施工方案。

问题:

施工总承包单位选择土方施工机械的依据还应有哪些?

案例二:

某工程地下室 1 层,地下建筑面积 4000 m^2,场地面积 14 000 m^2。基坑采用土钉墙支护,于5 月份完成了土方作业,制定了雨期施工方案。

计划雨期主要施工部位:基础 SBS 改性沥青卷材防水工程、基础底板钢筋混凝土工程、地下室 1 层至地上 3 层结构、地下室土方回填。

施工单位认为防水施工一次面积太大,分两块两次施工。在第一块施工完成时,一场雨淋湿了第二块垫层,SBS 改性沥青卷材防水采用热熔法施工需要基层干燥。未等到第二块垫层晒干,又下雨了。施工单位采用的排水措施如下:让场地内所有雨水流入基坑,在基坑内设一台 1寸水泵向场外市政污水管排水。由于水量太大,使已经完工的卷材防水全部被泡,经过太阳晒后有多处大面积鼓包。由于雨水冲刷,西面邻近道路一侧土钉墙支护的土方局部发生塌方。事后,施工单位被业主解除了施工合同。

问题:

1.本项目雨期施工方案中的防水卷材施工安排是否合理?为什么?

2.本项目雨期施工方案中的排水安排是否合理?为什么?

3.本项目比较合理的基坑度汛和雨期防水施工方案是什么?

学习情境 3

主体结构工程质量控制与验收

教学目标

知识目标

1. 了解主体结构工程施工质量控制要点。

2. 熟悉主体结构工程施工常见质量问题及预防措施。

3. 掌握主体结构工程验收标准、验收内容和验收方法。

能力目标

1. 能对主体结构工程进行质量验收和评定。

2. 能对主体结构工程常见质量问题进行预控。

任务 1 混凝土结构工程质量控制与验收

对混凝土结构子分部工程的质量验收,应在钢筋、预应力、混凝土、现浇结构或装配式结构等相关分项工程验收合格的基础上,进行质量控制资料检查及观感质量验收,并应对涉及结构安全的材料、试件、施工工艺和结构的重要部位进行见证检测或实体检验。检验批应在施工单位自检合格的基础上,由监理工程师组织施工单位项目专业质量检查员、专业工长等进行验收。

一、模板工程

模板工程应编制专项施工方案,滑模、爬模等工具式模板工程及高大模板支架工程的专项施工方案,应进行技术论证。模板及支架应根据施工过程中各种工况进行设计,并具有足够的承载力和刚度,并应保证其整体稳固性。

模板拆除时,可采取先支的后拆、后支的先拆,先拆非承重模板、后拆承重模板的顺序,并应从上而下进行拆除。底模及支架应在混凝土强度达到设计要求后再拆除;当设计无具体要求时,同条件养护的混凝土立方体试件抗压强度应符合表 3-1 的规定。当混凝土强度能保证其表面及棱角不受损伤时,方可拆除侧模。

表 3-1 底模拆除时的混凝土强度要求

构 件 类 型	构件跨度/m	达到设计要求的混凝土强度等级值的百分率/(%)
板	≤2	≥50
	2~8	≥75
	>8	≥100
梁、拱、壳	≤8	≥75
	>8	≥100
悬臂构件		≥100

模板安装工程的质量检验标准见表 3-2。

表 3-2 模板安装工程质量检验标准

项序		检查项目	质量要求	检查方法	检查数量
主控项目	1	模板及支架用材料	技术指标应符合国家现行有关标准的规定。进场时应抽样检验模板和支架的外观、规格和尺寸	检查质量证明文件,观察,尺量	按国家现行相关标准的规定确定
	2	现浇混凝土结构模板及支架的安装质量	应符合国家现行有关标准的规定和施工方案的要求	按国家现行有关标准的规定执行	
	3	后浇带处的模板及支架	应独立设置	观察	
	4	支架竖杆和竖向模板安装在土层上时	应符合下列规定: (1)土层应坚实、平整,其承载力或密实度应符合施工方案的要求; (2)应有防水、排水措施,对冻胀土,应有预防冻融措施; (3)支架竖杆下应有底座或垫板	观察;检查土层密实度检测报告、土层承载力验算或现场检测报告	全数检查

续表

项	序	检查项目	质量要求	检查方法	检查数量
一般项目	1	模板安装质量	(1)模板的接缝应严密; (2)模板内不应有杂物、积水或冰雪等; (3)模板与混凝土的接触面应平整、清洁; (4)用作模板的地坪、胎膜等应平整、清洁,不应有影响构件质量的下沉、裂缝、起砂或起鼓; (5)对清水混凝土及装饰混凝土构件,应使用能达到设计效果的模板	观察	全数检查
	2	隔离剂	隔离剂的品种和涂刷方法应符合施工方案的要求。隔离剂不得影响结构性能及装饰施工;不得沾污钢筋、预应力筋、预埋件和混凝土接槎处;不得对环境造成污染	检查质量证明文件;观察	
	3	模板的起拱	应符合现行国家标准《混凝土结构工程施工规范》(GB 50666)的规定,并应符合设计及施工方案的要求	水准仪或尺量	在同一检验批内,对梁,跨度大于18 m时应全数检查,跨度不大于18 m时应抽查构件数量的10%,且不应少于3件;对板,应按有代表性的自然间抽查10%,且不少于3间;对大空间结构,板可按纵、横轴线划分检查面,抽查10%,且均不少于3面
	4	现浇混凝土结构多层连续支模	应符合施工方案的规定。上下层模板支架的竖杆宜对准,竖杆下垫板的设置应符合施工方案的要求	观察	全数检查
	5	预埋件、预留孔洞允许偏差	固定在模板上的预埋件、预留孔洞不得遗漏,且应安装牢固。有抗渗要求的混凝土结构中的预埋件,应按设计及施工方案的要求采取防渗措施。预埋件和预留孔洞的位置应满足设计和施工方案的要求,当设计无具体要求时,其位置偏差应符合表3-3的规定	观察,尺量	在同一检验批内,对梁、柱和独立基础,应抽查构件数量的10%,且不应少于3件;对墙和板,应按有代表性的自然间抽查10%,且不应少于3间;对大空间结构,墙可按相邻轴线间高度5 m左右划分检查面,板可按纵、横轴线划分检查面,抽查10%,且均不少于3面
	6	现浇结构模板安装允许偏差	允许偏差应符合表3-4的规定	见表3-4	
	7	预制构件模板安装允许偏差	允许偏差应符合表3-5的规定	见表3-5	首次使用及大修后的模板应全数检查;使用中的模板应抽查10%,且不应少于5件,不足5件时应全数检查

表 3-3　预埋件和预留孔洞的允许偏差

项　　目		允许偏差/mm
预埋板中心线位置		3
预埋管、预留孔中心线位置		3
插筋	中心线位置	5
	外露长度	+10,0
预埋螺栓	中心线位置	2
	外露长度	+10,0
预留洞	中心线位置	10
	尺寸	+10,0

注:检查中心线位置当有纵、横两个方向时,沿纵、横两个方向量测,并取其中的较大值。

表 3-4　现浇结构模板安装的允许偏差及检验方法

项　　目		允许偏差/mm	检 查 方 法
轴线位置		5	尺量
底模上表面标高		±5	水准仪或拉线、尺量
模板内部尺寸	基础	±10	尺量
	柱、墙、梁	±5	
	楼梯相邻踏步高差	±5	
垂直度	柱、墙层高≤6 m	8	经纬仪或吊线、尺量
	柱、墙层高>6 m	10	
相邻两块模板表面高差		2	尺量
表面平整度		5	2 m 靠尺和塞尺量测

注:检查轴线位置当有纵、横两个方向时,沿纵、横两个方向量测,并取其中的较大值。

表 3-5　预制构件模板安装的允许偏差及检验方法

项　　目		允许偏差/mm	检 查 方 法
长度	梁、板	±4	尺量两侧边,取其中较大值
	薄腹梁、桁架	±8	
	柱	0,−10	
	墙板	0,−5	
宽度	板、墙板	0,−5	尺量两端及中部,取其中较大值
	梁、薄腹梁、桁架	+2,−5	
高(厚)度	板	+2,−3	尺量两端及中部,取其中较大值
	墙板	0,−5	
	梁、薄腹梁、桁架、柱	+2,−5	
侧向弯曲	梁、板、柱	$L/1000$ 且≤15	拉线、尺量最大弯曲处
	墙板、薄腹梁、桁架	$L/1500$ 且≤15	
板的表面平整度		3	2 m 靠尺和塞尺量测
相邻模板表面高差		1	尺量
对角线差	板	7	尺量两对角线
	墙板	5	
翘曲	板、墙板	$L/1500$	水平尺在两端量测
设计起拱	薄腹梁、桁架、梁	±3	拉线、尺量跨中

注:L 为构件长度(mm)。

二、钢筋工程

浇筑混凝土之前应进行钢筋隐蔽工程验收,其内容包括纵向受力钢筋的品种、规格、数量、位置等;钢筋的连接方式、接头位置、接头数量、接头面积百分率等;箍筋、横向钢筋的品种、规格、数量、间距等;预埋件的规格、数量、位置等。

钢筋、成型钢筋进场检验,当满足下列条件之一时,其检验批容量可扩大一倍:

(1)获得认证的钢筋、成型钢筋;

(2)同一厂家、同一牌号、同一规格的钢筋,连续三批均一次检验合格;

(3)同一厂家、同一类型、同一钢筋来源的成型钢筋,连续三批均一次检验合格。

材料的质量检验标准见表3-6。

表3-6　材料质量检验标准

项	序	检查项目	质 量 要 求	检 查 方 法	检 查 数 量
主控项目	1	钢筋力学性能和重量偏差检验	钢筋进场时,应按国家现行相关标准的规定抽取试件作屈服强度、抗拉强度、伸长率、弯曲性能和重量偏差检验,检验结果应符合相应标准的规定	检查质量证明文件和抽样检验报告	按进场的批次和产品的抽样检验方案确定
	2	成型钢筋力学性能和重量偏差检验	成型钢筋进场时,应抽取试件作屈服强度、抗拉强度、伸长率和重量偏差检验,检验结果应符合国家现行相关标准的规定。 对由热轧钢筋制成的成型钢筋,当有施工单位或监理单位的代表驻厂监督生产过程,并提供原材钢筋力学性能第三方检验报告时,可仅进行重量偏差检验	检查质量证明文件和抽样检验报告	同一厂家、同一类型、同一钢筋来源的成型钢筋,不超过30 t为一批,每批中每种钢筋牌号、规格均应至少抽取1个钢筋试件,总数不应少于3个
	3	抗震用钢筋强度实测值	对一、二、三级抗震等级设计的框架和斜撑构件(含梯段)中的纵向受力钢筋应采用HRB335E、HRB400E、HRB500E、HRBF335E、HRBF400E 或 HRBF500E 钢筋,其强度和最大力下总伸长率的实测值应符合下列规定: (1)抗拉强度实测值与屈服强度实测值的比值不应小于1.25; (2)屈服强度实测值与屈服强度标准值的比值不应大于1.3; (3)最大力下总伸长率不应小于9%	检查抽样检验报告	按进场的批次和产品的抽样检验方案确定
一般项目	1	钢筋外观质量	钢筋应平直、无损伤,表面不得有裂纹、油污、颗粒状或片状老锈	观察	全数检查
	2	成型钢筋外观质量	成型钢筋的外观质量和尺寸偏差应符合国家现行相关标准的规定	观察,尺量	同一厂家、同一类型的成型钢筋,不超过30 t为一批,每批随机抽取3个成型钢筋试件
	3	套筒、锚固板、预埋件外观质量	钢筋机械连接套筒、钢筋锚固板以及预埋件等的外观质量应符合国家现行相关标准的规定	检查产品质量证明文件;观察,尺量	按国家现行相关标准的规定确定

钢筋加工的质量检验标准见表 3-7。

表 3-7　钢筋加工质量检验标准

项目	序	检查项目	质量要求	检查方法	检查数量
主控项目	1	钢筋弯折的弯弧内直径	(1)光圆钢筋,不应小于钢筋直径的 2.5 倍; (2)335 MPa 级、400 MPa 级带肋钢筋,不应小于钢筋直径的 4 倍; (3)500 MPa 级带肋钢筋,当直径为 28 mm 以下时不应小于钢筋直径的 6 倍,当直径为 28 mm 及以上时不应小于钢筋直径的 7 倍; (4)钢筋弯折处尚不应小于纵向受力钢筋的直径	尺量	按每工作班同一类型钢筋、同一加工设备抽查不应少于 3 件
	2	纵向受力钢筋的弯折后平直段长度	光圆钢筋末端作 180°弯钩时,弯钩的平直段长度不应小于钢筋直径的 3 倍		
	3	箍筋、拉筋的末端弯钩	(1)对一般结构构件,箍筋弯钩的弯折角度不应小于 90°,弯折后平直段长度不应小于箍筋直径的 5 倍;对有抗震设防要求或设计有专门要求的结构构件,箍筋弯钩的弯折角度不应小于 135°,弯折后平直段长度不应小于箍筋直径的 10 倍。 (2)圆形箍筋的搭接长度不应小于其受拉锚固长度,且两末端弯钩的弯折角度不应小于 135°,弯折后平直段长度对一般结构构件不应小于箍筋直径的 5 倍,对有抗震设防要求的结构构件不应小于箍筋直径的 10 倍。 (3)梁、柱复合箍筋中的单肢箍筋两端弯钩的弯折角度均不小于 135°,弯折后平直段长度应符合本条(1)对箍筋的有关规定		
	4	盘卷钢筋调直后力学性能和重量偏差	断后伸长率、重量偏差应符合表 3-8 的规定。 力学性能和重量偏差检验应符合下列规定: (1)应对 3 个试件先进行重量偏差检验,再取其中 2 个试件进行力学性能检验。 (2)检验重量偏差时,试件切口应平滑并与长度方向垂直,其长度不应小于 500 mm;长度和重量的量测精度分别不应低于 1 mm 和 1 g。 采用无延伸功能的机械设备调直的钢筋,可不进行本条规定的检验	检查抽样检验报告	同一加工设备、同一牌号、同一规格的调直钢筋,重量不大于 30 t 为一批,每批见证抽取 3 个试件
一般项目	1	形状、尺寸	钢筋加工的形状、尺寸应符合设计要求,其偏差应符合表 3-9 的规定	尺量	按每工作班同一类型钢筋、同一加工设备抽查不应少于 3 件

表 3-8　盘卷钢筋调直后的断后伸长率、重量偏差要求

钢筋牌号	断后伸长率 A/(%)	重量偏差/(%)	
		直径 8～12 mm	直径 14～16 mm
HPB300	≥21	≥－10	－
HRB335、HRBF335	≥16	≥－8	≥－6
HRB400、HRBF400	≥15		
RRB400	≥13		
HRB500、HRBF500	≥14		

注:断后伸长率的量测标距为 5 倍钢筋直径。

表 3-9　钢筋加工的允许偏差

项　　目	允许偏差/mm
受力钢筋沿长度方向净尺寸	±10
弯起钢筋的弯折位置	±20
箍筋外廓尺寸	±5

钢筋连接的质量检验标准见表 3-10。

表 3-10　钢筋连接质量检验标准

项	序	检查项目	质量要求	检查方法	检查数量
主控项目	1	连接方式	应符合设计要求	观察	全数检查
	2	机械连接接头、焊接接头	钢筋采用机械连接或焊接连接时,钢筋机械连接接头、焊接接头的力学性能、弯曲性能应符合国家现行相关标准的规定,接头试件应从工程实体中截取	检查质量证明文件和抽样检验报告	按现行行业标准《钢筋机械连接技术规程》(JGJ 107)和《钢筋焊接及验收规程》(JGJ 18)的规定确定
	3	螺纹接头	应检验拧紧扭矩值,挤压接头应量测压痕直径,检验结果应符合现行行业标准《钢筋机械连接技术规程》(JGJ 107)的相关规定	采用专用扭力扳手或专用量规检查	按现行行业标准《钢筋机械连接技术规程》(JGJ 107)的规定确定
一般项目	1	钢筋接头的位置	钢筋接头的位置应符合设计和施工方案要求。有抗震设防要求的结构中,梁端、柱端箍筋加密区范围内不应进行钢筋搭接。接头末端至钢筋弯起点的距离不应小于钢筋直径的 10 倍	观察,尺量	全数检查
	2	接头的外观	钢筋机械连接接头、焊接接头的外观质量应符合现行行业标准《钢筋机械连接技术规程》(JGJ 107)和《钢筋焊接及验收规程》(JGJ 18)的规定	观察,尺量	按现行行业标准《钢筋机械连接技术规程》(JGJ 107)和《钢筋焊接及验收规程》(JGJ 18)的规定确定

项目	序	检查项目	质量要求	检查方法	检查数量
一般项目	3	纵向受力钢筋机械连接、焊接的接头面积百分率	设置在同一构件内的接头宜相互错开。纵向受力钢筋当设计无具体要求时,应符合下列规定: (1)受拉接头,不宜大于 50%;受压接头,可不受限制。 (2)直接承受动力荷载的结构构件中,不宜采用焊接;当采用机械连接时,不应超过 50% 注:(1)接头连接区段是指长度为 35d 且不小于 500 mm 的区段,d 为相互连接两根钢筋的直径较小值。(2)同一连接区段内纵向受力钢筋接头面积百分率为接头中点位于该连接区段内的纵向受力钢筋截面面积与全部纵向受力钢筋截面面积的比值	观察,尺量	在同一检验批内,对梁、柱和独立基础,应抽查构件数量的 10%,且不少于 3 件;对墙和板,应按有代表性的自然间抽查 10%,且不少于 3 间;对大空间结构,墙可按相邻轴线间高度 5 m 左右划分检查面,板可按纵横轴线划分检查面,抽查 10%,且均不少于 3 面
	4	绑扎搭接接头的设置	当纵向受力钢筋采用绑扎搭接接头时,接头的位置应符合下列规定: (1)接头的横向净间距不应小于钢筋直径,且不应小于 25 mm。 (2)同一连接区段内,纵向受拉钢筋的接头面积百分率应符合设计要求。当设计无具体要求时,应符合下列规定:①梁类、板类及墙类构件,不宜超过 25%;基础筏板,不宜超过 50%。②柱类构件,不宜超过 50%。③当工程中确有必要增大接头面积百分率时,对梁类构件,不应大于 50%。 注:(1)接头连接区段是指长度为 1.3 倍搭接长度的区段。搭接长度取相互连接两根钢筋中较小直径计算。 (2)同一连接区段内纵向受力钢筋接头面积百分率为接头中点位于该连接区段内的纵向受力钢筋截面面积与全部纵向受力钢筋截面面积的比值		
	5	搭接长度范围内的箍筋	梁、柱类构件的纵向受力钢筋搭接长度范围内箍筋的设置应符合设计要求。当设计无具体要求时,应符合下列规定: (1)箍筋直径不应小于搭接钢筋较大直径的 1/4; (2)受拉搭接区段的箍筋间距不应大于搭接钢筋较小直径的 5 倍,且不应大于 100 mm; (3)受压搭接区段的箍筋间距不应大于搭接钢筋较小直径的 10 倍,且不应大于 200 mm; (4)当柱中纵向受力钢筋直径大于 25 mm 时,应在搭接接头两个端面外 100 mm 范围内各设置两个箍筋,其间距宜为 50 mm	观察,尺量	在同一检验批内,应抽查构件数量的 10%,且不应少于 3 件

钢筋安装的质量检验标准见表3-11。

表 3-11　钢筋安装质量检验标准

项	序	检 查 项 目	质 量 要 求	检 查 方 法	检 查 数 量
主控项目	1	受力钢筋的牌号、规格和数量	应符合设计要求	观察,尺量	全数检查
	2	受力钢筋的安装位置、锚固方式			
一般项目	1	钢筋安装位置	安装偏差及检验方法应符合表3-12的规定。梁板类构件上部受力钢筋保护层厚度的合格点率应达到90%及以上,且不得有超过表中数值1.5倍的尺寸偏差		在同一检验批内,对梁、柱和独立基础,应抽查构件数量的10%,且不少于3件;对墙和板,应按有代表性的自然间抽查10%,且不少于3间;对大空间结构,墙可按相邻轴线间高度5m左右划分检查面,板可按纵、横轴线划分检查面,抽查10%,且均不少于3面

表 3-12　钢筋安装位置的允许偏差和检验方法

项　　　目		允许偏差/mm	检 验 方 法
绑扎钢筋网	长、宽	±10	尺量
	网眼尺寸	±20	尺量连续三档,取最大偏差值
绑扎钢筋骨架	长	±10	尺量
	宽、高	±5	
纵向受力钢筋	锚固长度	−20	尺量
	间距	±10	尺量两端、中间各一点,取最大偏差值
	排距	±5	
纵向受力钢筋、箍筋的混凝土保护层厚度	基础	±10	尺量
	柱、梁	±5	
	板、墙、壳	±3	
绑扎箍筋、横向钢筋间距		±20	尺量连续三档,取最大偏差值
钢筋弯起点位置		20	尺量,沿纵、横两个方向量测,并取其中偏差的较大值
预埋件	中心线位置	5	尺量
	水平高差	+3,0	塞尺量测

三、预应力工程

浇筑混凝土之前,应进行预应力筋隐蔽工程验收,其内容包括:预应力筋的品种、规格、级别、数量和位置;成孔管道的规格、数量、位置、形状、连接以及灌浆孔、排气兼泌水孔;局部加强钢筋的牌号、规格、数量和位置;预应力筋锚具和连接器及锚垫板的品种、规格、数量和位置。

预应力筋、锚具、夹具、连接器、成孔管道的进场检验,当满足下列条件之一时,其检验批容量可扩大一倍:

(1)获得认证的产品;

(2)同一厂家、同一品种、同一规格的产品,连续三批均一次检验合格。

预应力筋张拉机具及压力表应定期维护和标定。张拉设备和压力表应配套标定和使用。标定期限不应超过半年。

预应力钢丝内力的检测，一般应在张拉锚固 1 h 后进行，其检测值按设计规定值，当设计无规定时，可按表 3-13 取用。

表 3-13　钢丝预应力值检测时的设计规定值

张 拉 方 法		检 测 值
长线张拉		$0.94\sigma_{con}$
短线张拉	长 4 m	$0.91\sigma_{con}$
	长 6 m	$0.93\sigma_{con}$

材料的质量检验标准见表 3-14。

表 3-14　材料质量检验标准

项	序	检查项目	质 量 要 求	检 查 方 法	检 查 数 量
主控项目	1	进场检验	预应力筋进场时,应按国家现行标准《预应力混凝土用钢绞线》(GB/T 5224)、《预应力混凝土用钢丝》(GB/T 5223)、《预应力混凝土用螺纹钢筋》(GB/T 20065)和《无粘结预应力钢绞线》(JG/T 161)抽取试件作抗拉强度、伸长率检验,其检验结果应符合相应标准的规定	检查质量证明文件和抽样检验报告	按进场的批次和产品的抽样检验方案确定
	2	无粘结预应力钢绞线进场检验	应进行防腐润滑脂量和护套厚度的检验,检验结果应符合现行行业标准《无粘结预应力钢绞线》(JG/T 161)的规定。 经观察认为涂包质量有保证时,无粘结预应力筋可不作油脂量和护套厚度的抽样检验	观察,检查质量证明文件和抽样检验报告	按现行行业标准《无粘结预应力钢绞线》(JG/T 161)的规定确定
	3	锚具、夹具和连接器的性能	预应力筋用锚具应和锚垫板、局部加强钢筋配套使用,锚具、夹具和连接器进场时,应按现行行业标准《预应力筋用锚具、夹具和连接器应用技术规程》(JGJ 85)的相关规定对其性能进行检验,检验结果应符合该标准的规定。 锚具、夹具和连接器用量不足检验批规定数量的 50%,且供货方提供有效的试验报告时,可不作静载锚固性能试验	检查质量证明文件、锚固区传力性能试验报告和抽样检验报告	按现行行业标准《预应力筋用锚具、夹具和连接器应用技术规程》(JGJ 85)的规定确定
	4	防水性能	处于三 a、三 b 类环境条件下的无粘结预应力筋用锚具系统,应按现行行业标准《无粘结预应力混凝土结构技术规程》(JGJ 92)的相关规定检验其防水性能,检验结果应符合该标准的规定	检查质量证明文件和抽样检验报告	同一品种、同一规格的锚具系统为一批,每批抽取 3 套
	5	孔道灌浆用水泥和外加剂	孔道灌浆用水泥应采用硅酸盐水泥或普通硅酸盐水泥,水泥、外加剂的质量应符合规定;成品灌浆材料的质量应符合现行国家标准《水泥基灌浆材料应用技术规范》(GB/T 50448)的规定	检查质量证明文件和抽样检验报告	按进场批次和产品的抽样检验方案确定

续表

项	序	检查项目	质量要求	检查方法	检查数量
一般项目	1	预应力筋的外观质量	有粘结预应力筋的表面不应有裂纹、小刺、机械损伤、氧化铁皮和油污等,展开后应平顺,不应有弯折;无粘结预应力钢绞线护套应光滑、无裂缝、无明显褶皱;轻微破损处应外包防水塑料胶带修补,严重破损者不得使用	观察	全数检查
	2	锚具、夹具和连接器的外观	表面应无污物、锈蚀、机械损伤和裂纹		
	3	管道外观质量和性能	预应力成孔管道进场时,应进行管道外观质量检查、径向刚度和抗渗漏性能检验,其检验结果应符合下列规定: (1)金属管道外观应清洁,内外表面应无锈蚀、油污、附着物、孔洞;波纹管不应有不规则褶皱,咬口应无开裂、脱扣;钢管焊缝应连续。 (2)塑料波纹管的外观应光滑、色泽均匀,内外壁不应有气泡、裂口、硬块、油污、附着物、孔洞及影响使用的划伤。 (3)径向刚度和抗渗漏性能应符合现行行业标准《预应力混凝土桥梁用塑料波纹管》(JT/T 529)和《预应力混凝土用金属波纹管》(JG 225)的规定	观察,检查质量证明文件和抽样检验报告	外观应全数检查;径向刚度和抗渗漏性能的检查数量应按进场的批次和产品的抽样检验方案确定

制作与安装的质量检验标准见表3-15。

表3-15 制作与安装质量检验标准

项	序	检查项目	质量要求	检查方法	检查数量
主控项目	1	品种、规格、级别、数量	预应力筋安装时,其品种、规格、级别、数量必须符合设计要求	观察,尺量	全数检查
	2	安装位置	预应力筋的安装位置应符合设计要求		
一般项目	1	锚具制作质量要求	应符合下列要求: (1)钢绞线挤压锚具挤压完成后,预应力筋外端露出挤压套筒的长度不应小于1 mm; (2)钢绞线压花锚具的梨形头尺寸和直线锚固段长度不应小于设计值; (3)钢丝镦头不应出现横向裂纹,墩头的强度不得低于钢丝强度标准值的98%	观察,尺量,检查镦头强度试验报告	对挤压锚,每工作班抽查5%,且不应少于5件;对压花锚,每工作班抽查3件;对钢丝镦头强度,每批钢丝检查6个镦头试件
	2	预应力筋或成孔管道的安装质量	应符合下列规定: (1)成孔管道的连接应密封; (2)预应力筋或成孔管道应平顺,并应与定位支撑钢筋绑扎牢固; (3)锚垫板的承压面应与预应力筋或孔道曲线末端垂直,预应力筋或孔道曲线末端直线段长度应符合规定; (4)当后张有粘结预应力筋曲线孔道波峰和波谷的高差大于300 mm,且采用普通灌浆工艺时,应在孔道波峰设置排气孔	观察,钢尺检查	全数检查
	3	定位控制点	预应力筋或成孔管道定位控制点的竖向位置偏差应符合表3-16的规定,其合格点率应达到90%及以上,且不得有超过表中数值1.5倍的尺寸偏差	尺量	在同一检验批内,应抽查各类型构件总数的10%,且不少于3个构件,每个构件不应少于5处

表 3-16　预应力筋或成孔管道定位控制点的竖向位置允许偏差

构件截面高(厚)度/mm	$h \leqslant 300$	$300 < h \leqslant 1500$	$h > 1500$
允许偏差/mm	±5	±10	±15

张拉与放张的质量检验标准见表 3-17。

表 3-17　张拉与放张质量检验标准

项	序	检查项目	质量要求	检查方法	检查数量
主控项目	1	混凝土强度	预应力筋张拉或放张前,应对构件混凝土强度进行检验。同条件养护的混凝土立方体试件抗压强度应符合设计要求;当设计无具体要求时,应符合下列规定: (1)应符合配套锚固产品技术要求的混凝土最低强度且不应低于设计混凝土强度等级值的 75%; (2)对采用消除应力钢丝或钢绞线作为预应力筋的先张法构件,不应低于 30 MPa	检查同条件养护试件试验报告	全数检查
	2	预应力筋断裂或滑脱	对后张法预应力结构构件,钢绞线出现断裂或滑脱的数量不应超过同一截面钢绞线总根数的 3%,且每根断裂的钢绞线断丝不得超过一丝;对多跨双向连续板,其同一截面应按每跨计算	观察,检查张拉记录	
	3	实际预应力值控制	先张法预应力筋张拉锚固后,实际建立的预应力值与工程设计规定检验值的相对允许偏差为±5%	检查预应力筋应力检测记录	每工作班抽查预应力筋总数的 1%,且不少于 3 根
一般项目	1	张拉质量	预应力筋张拉质量应符合下列规定: (1)采用应力控制方法张拉时,张拉力下预应力筋的实测伸长值与计算伸长值的相对允许偏差为±6%; (2)最大张拉应力不应大于现行国家标准《混凝土结构工程施工规范》(GB 50666)的规定	检查张拉记录	全数检查
	2	位置偏差	先张法预应力构件,应检查预应力筋张拉后的位置偏差,张拉后预应力筋的位置与设计位置偏差不应大于 5 mm,且不应大于构件截面短边边长的 4%	尺量	每工作班抽查预应力筋总数的 3%,且不应少于 3 束

灌浆及封锚的质量检验标准见表 3-18。

表 3-18　灌浆及封锚质量检验标准

项	序	检查项目	质量要求	检查方法	检查数量
主控项目	1	孔道灌浆	预留孔道灌浆后,孔道内水泥浆应饱满、密实	观察,检查灌浆记录	全数检查
	2	水泥浆性能	现场搅拌的灌浆用水泥浆的性能应符合下列规定: (1)3 h 自由泌水率宜为 0,且不应大于 1%,泌水应在 24 h 内全部被水泥浆吸收。 (2)水泥浆中氯离子含量不应超过水泥重量的 0.06%。 (3)当采用普通灌浆工艺时,24 h 自由膨胀率不应大于 6%;当采用真空灌浆工艺时,24 h 自由膨胀率不应大于 3%	检查水泥浆性能试验报告	同一配合比检查一次
	3	试件抗压强度	现场留置的孔道灌浆料试件的抗压强度不应低于 30 MPa。试件抗压强度检验应符合下列规定: (1)每组应留取 6 个边长为 70.7 mm 的立方体试件,并应标准养护 28 d; (2)试件抗压强度应取 6 个试件的平均值,当一组试件中抗压强度最大值或最小值与平均值相差超过 20% 时,应取中间 4 个试件强度的平均值	检查试件强度试验报告	每工作班留置一组
	4	锚具的封闭保护	锚具的封闭保护措施应符合设计要求。当设计无要求时,外露锚具和预应力筋的混凝土保护层厚度不应小于:一类环境时 20 mm,二 a、二 b 类环境时 50 mm;三 a、三 b 类环境时 80 mm	观察,尺量	在同一检验批内,抽查预应力筋总数的 5%,且不少于 5 处
一般项目	1	外露预应力筋长度	后张法预应力筋锚固后的锚具外露长度不应小于预应力筋直径的 1.5 倍,且不应小于 30 mm	观察,尺量	在同一检验批内,抽查预应力筋总数的 3%,且不少于 5 束

四、混凝土工程

混凝土强度应按现行国家标准《混凝土强度检验评定标准》(GB/T 50107)的规定分批检验评定。划入同一检验批的混凝土,其施工持续时间不宜超过 3 个月。检验评定混凝土强度时,应采用 28 d 或设计规定龄期的标准养护试件。采用蒸汽养护的构件,其试件应先随构件同条件养护,然后再置入标准条件下继续养护至 28 d 或设计规定龄期。检验评定混凝土强度用的混凝土试件的尺寸及强度的尺寸换算系数应按表 3-19 取用。

表 3-19　混凝土试件尺寸及强度的尺寸换算系数

骨料最大粒径/mm	试件尺寸/mm	强度的尺寸换算系数
≤31.5	100×100×100	0.95
≤40	150×150×150	1.00
≤63	200×200×200	1.05

注:对强度等级为 C60 及以上的混凝土试件,其强度的尺寸换算系数可通过试验确定。

当混凝土试件强度评定为不合格时,应委托具有资质的检测机构对结构构件中的混凝土强度进行检测推定。

水泥、外加剂进场检验,当满足下列条件之一时,其检验批容量可扩大一倍:

(1) 获得认证的产品;

(2) 同一厂家、同一品种、同一规格的产品,连续三次进场检验均一次检验合格。

原材料的质量检验标准见表 3-20。

表 3-20　原材料质量检验标准

项	序	检查项目	质 量 要 求	检查方法	检查数量
主控项目	1	水泥进场检验	水泥进场时应对其品种、代号、强度等级、包装或散装仓号、出厂日期等进行检查,并应对其强度、安定性和凝结时间进行检验,检验结果应符合现行国家标准《通用硅酸盐水泥》(GB 175)的相关规定	检查质量证明文件和抽样检验报告	按同一厂家、同一品种、同一代号、同一强度等级、同一批号且连续进场的水泥,袋装不超过 200 t 为一批,散装不超过 500 t 为一批,每批抽样不应少于一次
	2	外加剂质量	混凝土外加剂进场时,应对其品种、性能、出厂日期等进行检查,并应对外加剂的相关性能指标进行检验,检验结果应符合现行国家标准《混凝土外加剂》(GB 8076)、《混凝土外加剂应用技术规范》(GB 50119)的规定		按同一厂家、同一品种、同一性能、同一批号且连续进场的混凝土外加剂,不超过 50 t 为一批,每批抽样数量不应少于一次
一般项目	1	矿物掺合料的质量	混凝土用矿物掺合料进场时,应对其品种、性能、出厂日期等进行检查,并应对矿物掺合料的相关性能指标进行检验,检验结果应符合国家现行有关标准的规定	检查质量证明文件和抽样检验报告	按同一厂家、同一品种、同一批号且连续进场的矿物掺合料、粉煤灰、矿渣粉、磷渣粉、钢铁渣粉和复合矿物掺合料不超过 200 t 为一批,沸石粉不超过 120 t 为一批,硅灰不超过 30 t 为一批,每批抽样数量不应少于一次
	2	粗、细骨料的质量	混凝土原材料中的粗、细骨料的质量,应符合现行行业标准《普通混凝土用砂、石质量及检验方法标准》(JGJ 52)的规定,使用经过净化处理的海砂应符合现行行业标准《海砂混凝土应用技术规范》(JGJ 206)的规定,再生混凝土骨料应符合现行国家标准《混凝土用再生粗骨料》(GB/T 25177)和《混凝土和砂浆用再生细骨料》(GB/T 25176)的规定	检查抽样检验报告	按现行行业标准《普通混凝土用砂、石质量及检验方法标准》(JGJ 52)的规定确定
	3	水	混凝土拌制及养护用水应符合现行行业标准《混凝土拌合用水标准》(JGJ 63)的规定。采用饮用水作为混凝土用水时,可不检验;采用中水、搅拌站清洗水、施工现场循环水等其他水源时,应对其成分进行检验	检查水质检验报告	同一水源检查不应少于一次

混凝土拌合物的质量检验标准见表 3-21。

表 3-21　混凝土拌合物质量检验标准

项目	序	检查项目	质量要求	检查方法	检查数量
主控项目	1	预拌混凝土进场	质量应符合现行国家标准《预拌混凝土》(GB/T 14902)的规定	检查质量证明文件	全数检查
	2	离析	不应离析	观察	
	3	氯离子含量和碱总含量	应符合现行国家标准《混凝土结构设计规范》(GB 50010)的规定和设计要求	检查原材料试验报告和氯离子、碱的总含量计算书	同一配合比的混凝土检查不应少于一次
	4	配合比开盘鉴定	首次使用的混凝土配合比应进行开盘鉴定,其原材料、强度、凝结时间、稠度等应满足设计配合比的要求	检查开盘鉴定资料和强度试验报告	
一般项目	1	稠度	混凝土拌合物稠度应满足施工方案的要求	检查稠度抽样检验记录	对同一配合比混凝土,取样见表 3-22
	2	耐久性	混凝土有耐久性指标要求时,应在施工现场随机抽取试件进行耐久性检验,其检验结果应符合国家现行有关标准的规定和设计要求	检查试件耐久性试验报告	同一配合比的混凝土,取样不应少于一次
	3	含气量	混凝土有抗冻要求时,应在施工现场进行混凝土含气量检验,其检验结果应符合国家现行有关标准的规定和设计要求	检查混凝土含气量检验报告	

表 3-22　混凝土拌合物稠度检查数量

拌　制　量	取样次数
每拌制 100 盘且不超过 100 m³	不得少于一次
每工作班拌制不足 100 盘	
每次连续浇筑超过 1000 m³,每 200 m³ 取样	
每一楼层	

混凝土施工的质量检验标准见表 3-23。

表 3-23　混凝土施工质量检验标准

项目	序	检查项目	质量要求	检查方法	检查数量
主控项目	1	混凝土强度等级、试件的取样和留置	结构混凝土的强度等级必须符合设计要求。用于检验混凝土强度的试件,应在浇筑地点随机抽取。每次取样应至少留置一组试件	检查施工记录及混凝土强度试验报告	对同一配合比混凝土,取样见表 3-22
一般项目	1	后浇带和施工缝的位置及处理	后浇带的留设位置应符合设计要求,后浇带和施工缝的位置及处理方法应符合施工方案要求	观察	全数检查
	2	混凝土养护	混凝土浇筑完毕后应及时进行养护,养护时间以及养护方法应符合施工方案要求	观察、检查混凝土养护记录	

原材料每盘称量的允许偏差见表 3-24。

表 3-24　原材料每盘称量的允许偏差

材 料 名 称	允 许 偏 差
水泥掺合料	±2％
粗、细骨料	±3％
水、外加剂	±2％

五、混凝土结构工程施工常见质量问题

1. 模板安装轴线位移

1)现象

混凝土浇筑后拆除模板时,发现柱、墙实际位置与建筑物轴线位置有偏移。

2)原因分析

(1)翻样不认真或技术交底不清,模板拼装时组合件未能按规定到位;

(2)轴线测放产生误差;

(3)墙、柱模板根部和顶部无限位措施或限位不牢,发生偏位后又未及时纠正,造成累计误差;

(4)支模时,未拉水平、竖向通线,且无竖向垂直度控制措施;

(5)模板刚度差,未设水平拉杆或水平拉杆间距过大;

(6)混凝土浇筑时未均匀对称下料,或一次浇筑高度过高造成侧压力过大挤偏模板;

（7）对拉螺栓、顶撑、木楔使用不当或松动造成轴线偏位。

3）防治措施

（1）严格按 1/50～1/10 的比例将各分部、分项翻成详图并注明各部位编号、轴线位置、几何尺寸、剖面形状、预留孔洞、预埋件等，经复核无误后认真对生产班组及操作工人进行技术交底，作为模板制作、安装的依据。

（2）模板轴线测放后，组织专人进行技术复核验收，确认无误后才能支模。

（3）墙、柱模板根部和顶部必须设可靠的限位措施，如采用现浇楼板混凝土上预埋短钢筋固定钢支撑，以保证底部位置准确。

（4）支模时要拉水平、竖向通线，并设竖向垂直度控制线，以保证模板水平、竖向位置准确。

（5）根据混凝土结构特点，对模板进行专门设计，以保证模板及其支架具有足够强度、刚度及稳定性。

（6）混凝土浇筑前，对模板轴线、支架、顶撑、螺栓进行认真检查、复核，发现问题及时进行处理。

（7）混凝土浇筑时，要均匀对称下料，浇筑高度应严格控制在施工规范允许的范围内。

2. 模板安装标高偏差

1）现象

测量时，发现混凝土结构层标高及预埋件、预留孔洞的标高与施工图设计标高之间有偏差。

2）原因分析

（1）楼层标高控制点偏少，控制网无法闭合，竖向模板根部未找平；

（2）模板顶部无标高标记，或未按标记施工；

（3）高层建筑标高控制线转测次数过多，累计误差过大；

（4）预埋件、预留孔洞未固定牢，施工时未重视施工方法；

（5）楼梯踏步模板未考虑装修层厚度。

3）防治措施

（1）每层楼设足够的标高控制点，竖向模板根部须做找平；

（2）模板顶部设标高标记，严格按标记施工；

（3）建筑楼层标高由首层±0.000 标高控制，严禁逐层向上引测，以防止累计误差，当建筑高度超过 30 m 时，应另设标高控制线，每层标高引测点应不少于 2 个，以便复核；

（4）预埋件及预留孔洞在安装前应与图纸对照，确认无误后准确固定在设计位置上，必要时用电焊或套框等方法将其固定，在浇筑混凝土时，应沿其周围分层均匀浇筑，严禁碰击和振动预埋件与模板；

（5）楼梯踏步模板安装时应考虑装修层厚度。

3. 钢筋保护层过小

1）现象

钢筋保护层不符合规定，露筋。

2) 原因分析

(1) 混凝土保护层垫块间距太大或脱落;

(2) 钢筋绑扎骨架尺寸偏差大,局部接触模板;

(3) 混凝土浇筑时,钢筋受碰撞移位。

3) 防治措施

(1) 混凝土保护层垫块要适量、可靠。

(2) 钢筋绑扎时要控制好外形尺寸。

(3) 混凝土浇筑时,应避免钢筋受碰撞移位。混凝土浇筑前后应设专人检查修整。

4. 箍筋间距不一致

1) 现象

按图纸上标注的箍筋间距绑扎梁的钢筋骨架,最后发现末一个间距与其他间距不一致,或实际所用箍筋数量与钢筋材料表上的数量不符。

2) 原因分析

图纸上所注间距为近似值,按近似值绑扎间距和根数有出入。

3) 预防措施

根据构件配筋情况,预先算好箍筋实际分布间距,供绑扎钢筋骨架时作为依据。

4) 治理方法

如箍筋已绑扎成钢筋骨架,则根据具体情况,适当增加一根或两根箍筋。

5. 混凝土施工表面缺陷

1) 现象

蜂窝、麻面、孔洞。

2) 原因分析

(1) 混凝土配合比不合理,碎石、水泥材料计量错误,或加水量不准,造成砂浆少碎石多。

(2) 模板未涂刷隔离剂或涂刷不均匀,模板表面粗糙并粘有干混凝土,浇筑混凝土前浇水湿润不够,或模板缝没有堵严,浇捣时,与模板接触部分的混凝土失水过多或滑浆,混凝土呈干硬状态,使混凝土表面形成许多小凹点。

(3) 混凝土振捣不密实,混凝土中的气泡未排出,一部分气泡停留在模板表面。

(4) 混凝土搅拌时间短,用水量不准确,混凝土的和易性差,浇筑后个别部位砂浆少石子多,形成蜂窝。

(5) 混凝土一次下料过多,浇筑没有分段、分层灌注;下料不当,没有振捣密实或下料与振捣配合不好,未充分振捣又下料,造成混凝土离析,形成蜂窝、麻面。

(6) 模板稳定性不足,振捣混凝土时模板移位,造成严重漏浆。

3) 防治措施

(1) 模板表面应清理干净,不得粘有干硬水泥砂浆等杂物;

(2) 浇筑混凝土前,模板应浇水充分湿润,并清扫干净;

（3）模板拼缝应严密，如有缝隙，应用油毡纸、塑料条、纤维板或腻子堵严；

（4）模板隔离剂应选用长效的，涂刷要均匀，并防止漏刷；

（5）混凝土应分层均匀振捣密实，严防漏振，每层混凝土均应振捣至排出气泡为止；

（6）拆模不应过早。

6. 钢筋混凝土柱水平裂缝

1）现象

混凝土柱表面出现形状接近直线、长短不一、互不连贯的裂缝，这种裂缝较浅，宽度一般在1 mm以内，裂缝深度不超过20 mm。

2）原因分析

（1）混凝土浇筑后，表面没有及时覆盖养护，表面水分蒸发过快，变形较大，内部湿度变化较小，变形较小。较大的表面干缩变形受到混凝土内部约束，产生较大拉应力而产生裂缝。

（2）混凝土级配中砂石含泥量大，降低了混凝土的抗拉强度。

3）防治措施

（1）混凝土浇筑后及时覆盖，防止水分流失。

（2）加强混凝土潮湿养护措施。

（3）选用级配良好的砂石，同时严格控制砂石含泥量，使用符合规范要求的砂石料配置混凝土。

例题 3-1 某建设项目地处闹市区，场地狭小。工程总建筑面积30 000 m²，其中地上建筑面积为25 000 m²，地下室建筑面积为5000 m²，大楼分为裙楼和主楼，其中主楼28层，裙楼5层，地下2层，主楼高度84 m，裙楼高度24 m，全现浇钢筋混凝土框架剪力墙结构。基础形式为筏形基础，基坑深度15 m，地下水位−8 m，属于层间滞水。基坑东、北两面距离建筑围墙2 m，西、南两面距离交通主干道9 m。

事件一，施工总承包单位进场后，采购了110 t Ⅱ级钢筋，钢筋出厂合格证明材料齐全，施工总承包单位将同一炉罐号的钢筋组批，在监理工程师见证下，取样复试。复试合格后，施工总承包单位在现场采用冷拉方法调直钢筋，冷拉率为3％，监理工程师责令施工总承包单位停止钢筋加工工作。

事件二，钢筋工程中，直径12 mm以上受力钢筋，采用剥肋滚压直螺纹连接。

事件三，对模板工程的可能造成质量问题的原因进行分析，针对原因制定了对策和措施进行预控，将模板分析工程的质量控制点设置为模板强度及稳定、预埋件稳定、模板位置尺寸、模板内部清理及湿润情况等。

问题：

（1）指出事件一中施工总承包单位做法的不妥之处，分别写出正确做法。

（2）事件二中钢筋方案的选择是否合理？为什么？

（3）事件三中对模板分析工程的质量控制点的设置是否妥当？质量控制点的设置应主要考虑哪些内容？

答案：

(1) 不妥之处一，施工总承包单位进场后，采购了 110 t Ⅱ级钢筋，钢筋出厂合格证明材料齐全，施工总承包单位将同一炉罐号的钢筋组批，在监理工程师见证下，取样复试。

正确做法：钢筋复验应不超过 60 t，同时不能与不同时间、批次进场的钢筋进行混批送检，应根据相应的批量进行抽检、见证取样。

不妥之处二，施工总承包单位在现场采用冷拉方法调直钢筋，冷拉率控制为 3%。

正确做法：Ⅱ级钢筋冷拉率控制为 1%。

(2) 不合理。因为直径 16 mm 以下受力钢筋，采用剥肋滚压直螺纹连接，剥肋套丝后钢筋直径不能满足施工工艺要求，不具有可操作性。剥肋滚压直螺纹连接适用于直径 16 mm 以上、40 mm 以下的热轧Ⅱ、Ⅲ级（HRB335、HRB400）同级钢筋的连接。

(3) 妥当。是否设置为质量控制点，主要考虑其对质量特殊影响的大小、危害程度以及其质量保证的难度大小。

任务 2 砌体结构工程质量控制与验收

砌体结构是由块体和砂浆砌筑而成的墙、柱作为建筑物主要受力构件的结构，是砖砌体、砌块砌体和石砌体结构的统称。

砌体结构工程所用的材料应有产品合格证书、产品性能型式检验报告，质量应符合国家现行有关标准的要求。块材、水泥、钢筋、外加剂尚应有材料主要性能的进场复验报告，并应符合设计要求。严禁使用国家明令淘汰的材料。

砌体结构工程施工前，应编制砌体结构工程施工方案，标高、轴线应引自基准控制点。砌筑基础前，应校核放线尺寸，允许偏差应符合表 3-25 的规定。

表 3-25　放线尺寸的允许偏差

长度 L、宽度 B/m	允许偏差/mm	长度 L、宽度 B/m	允许偏差/mm
L（或 B）≤30	±5	60＜L（或 B）≤90	±15
30＜L（或 B）≤60	±10	L（或 B）＞90	±20

基底标高不同时，应从低处砌起，并应由高处向低处搭砌。当设计无要求时，搭接长度不应小于基础底的高差，搭接长度范围内下层基础应扩大砌筑。砌体的转角处和交接处应同时砌筑。当不能同时砌筑时，应按规定留槎、接槎。

在墙上留置临时施工洞口，其侧边离交接处墙面不应小于 500 mm，洞口净宽度不应超过 1 m。抗震设防烈度为 9 度的地区建筑物的临时施工洞口位置，应会同设计单位确定。临时施工洞口应做好补砌。

不得在下列墙体或部位设置脚手眼：120 mm 厚墙、清水墙、料石墙和附墙柱；过梁上与过梁成 60°角的三角形范围及过梁净跨度 1/2 的高度范围内；宽度小于 1 m 的窗间墙；门窗洞口两侧石砌体 300 mm、其他砌体 200 mm 范围内；转角处石砌体 600 mm、其他砌体 450 mm 范围内；梁或梁垫下及其左右 500 mm 范围内；设计不允许设置脚手眼的部位；轻质墙体；夹心复合墙外叶墙。

尚未施工楼面或屋面的墙或柱,其抗风允许自由高度不得超过表 3-26 的规定。如超过表中限值时,必须采用临时支撑等有效措施。

表 3-26　墙和柱的允许自由高度/m

墙(柱)厚/mm	砌体密度＞1600 kg/m³			砌体密度 1300～1600 kg/m³		
	风载/(kN/m²)			风载/(kN/m²)		
	0.3(约7级风)	0.4(约8级风)	0.5(约9级风)	0.3(约7级风)	0.4(约8级风)	0.5(约9级风)
190	—	—	—	1.4	1.1	0.7
240	2.8	2.1	1.4	2.2	1.7	1.1
370	5.2	3.9	2.6	4.2	3.2	2.1
490	8.6	6.5	4.3	7.0	5.2	3.5
620	14.0	10.5	7.0	11.4	8.6	5.7

注:1.本表适用于施工处相对标高 H 在 10 m 范围内的情况。如 10 m＜H≤15 m,15 m＜H≤20 m 时,表中的允许自由高度应分别乘以 0.9、0.8 的系数;如 H＞20 m 时,应通过抗倾覆验算确定其允许自由高度。

2.当所砌筑的墙有横墙或其他结构与其连接,而且间距小于表中相应墙、柱的允许自由高度的 2 倍时,砌筑高度可不受本表的限制。

3.当砌体密度小于 1300 kg/m³ 时,墙和柱的允许自由高度应另行验算确定。

砌筑完基础或每一楼层后,应校核砌体的轴线和标高。在允许偏差范围内,轴线偏差可在基础顶面或楼面上校正,标高偏差宜通过调整上部砌体灰缝厚度校正。

砌体施工质量控制等级分为三级,并应按表 3-27 划分。

表 3-27　施工质量控制等级

项　目	施工质量控制等级		
	A	B	C
现场质量管理	监督检查制度健全,并严格执行;施工方有在岗专业技术管理人员,人员齐全,并持证上岗	监督检查制度基本健全,并能执行;施工方有在岗专业技术管理人员,并持证上岗	有监督检查制度;施工方有在岗专业技术管理人员
砂浆、混凝土强度	试块按规定制作,强度满足验收规定,离散性小	试块按规定制作,强度满足验收规定,离散性较小	试块按规定制作,强度满足验收规定,离散性大

续表

项　　目	施工质量控制等级		
	A	B	C
砂浆拌合	机械拌合;配合比计量控制严格	机械拌合;配合比计量控制一般	机械或人工拌合;配合比计量控制较差
砌筑工人	中级工以上,其中高级工不少于30%	高、中级工不少于70%	初级工以上

注:1.砂浆、混凝土强度离散性大小根据强度标准差确定;
　　2.配筋砌体不得为C级施工。

雨天不宜在露天砌筑墙体,对下雨当日砌筑的墙体应进行遮盖。继续施工时,应复核墙体的垂直度,如果垂直度超过允许偏差,应拆除重新砌筑。正常施工条件下,砖砌体、小砌块砌体每日砌筑高度宜控制在1.5 m或一步脚手架高度内;石砌体不宜超过1.2 m。

砌体结构工程检验批的划分应同时符合下列规定:

(1) 所用材料类型及同类型材料的强度等级相同;

(2) 不超过250 m³砌体;

(3) 主体结构砌体一个楼层(基础砌体可按一个楼层计);填充墙砌体量少时可多个楼层合并。

砌体工程检验批验收时,其主控项目应全部符合规范的规定;一般项目应有80%及以上的抽检处符合规范的规定,有允许偏差的项目,最大超差值为允许偏差值的1.5倍。检验批抽检时,各抽检项目的样本最小容量除有特殊要求外,按不应小于5确定。

一、砌筑砂浆

水泥进场时应对其品种、等级、包装或散装仓号、出厂日期等进行检查,并应对其强度、安定性进行复验,其质量必须符合现行国家标准《通用硅酸盐水泥》(GB 175)的有关规定。当在使用中对水泥质量有怀疑或水泥出厂超过三个月(快硬硅酸盐水泥超过一个月)时,应复查试验,并按复验结果使用。不同品种的水泥,不得混合使用。水泥抽检数量按同一生产厂家、同品种、同等级、同批号连续进场的水泥,袋装水泥不超过200 t为一批,散装水泥不超过500 t为一批,每批抽样不少于一次。检验方法为检查产品合格证、出厂检验报告和进场复验报告。

配置水泥石灰砂浆时,不得采用脱水硬化的石灰膏。建筑生石灰、建筑生石灰粉熟化为石灰膏,其熟化时间分别不得少于7 d和2 d。石灰膏的用量,应按稠度120 mm±5 mm计量,现场施工中石灰膏不同稠度的换算系数,可按表3-28确定。

表3-28　石灰膏不同稠度的换算系数

稠度/mm	120	110	100	90	80	70	60	50	40	30
换算系数	1.00	0.99	0.97	0.95	0.93	0.92	0.90	0.88	0.87	0.86

砌筑砂浆应进行配合比设计。当砌筑砂浆的组成材料有变更时,其配合比应重新确定。砌筑砂浆的稠度宜按表 3-29 的规定采用。

表 3-29　砌筑砂浆的稠度

砌 体 种 类	砂浆稠度/mm
烧结普通砖砌体 蒸压粉煤灰砖砌体	70～90
混凝土实心砖、混凝土多孔砖砌体 普通混凝土小型空心砌块砌体 蒸压灰砂砖砌体	50～70
烧结多孔砖、空心砖砌体 轻骨料小型空心砌块砌体 蒸压加气混凝土砌块砌体	60～80
石砌体	30～50

注:1.采用薄灰砌筑法砌筑蒸压加气混凝土砌块砌体时,加气混凝土粘结砂浆的加水量按照其产品说明书控制;

2.当砌筑其他块体时,其砌筑砂浆的稠度可根据块体吸水特性及气候条件确定。

施工中不应采用强度等级小于 M5 水泥砂浆替代同强度等级水泥混合砂浆,如需替代,应将水泥砂浆提高一个强度等级。在砂浆中掺入的砌筑砂浆增塑剂、早强剂、缓凝剂、防冻剂、防水剂等砂浆外加剂,其品种和用量应经有资质的检测单位检验和试配确定。有机塑化剂应有砌体强度的型式检验报告。配置砌筑砂浆时,各组分材料应采用质量计量,水泥及各种外加剂配料的允许偏差为±2%;砂、粉煤灰、石灰膏等配料的允许偏差为±5%。

砌筑砂浆应采用机械搅拌,搅拌时间自投料完起算应符合下列规定:

（1）水泥砂浆和水泥混合砂浆不得少于 2 min;

（2）水泥粉煤灰砂浆和掺用外加剂的砂浆不得少于 3 min;

（3）掺增塑剂的砂浆,应为 3～5 min。

现场拌制的砂浆应随拌随用,拌制的砂浆应在 3 h 内使用完毕;当施工期间最高气温超过 30 ℃时,应在 2 h 内使用完毕。预拌砂浆及蒸压加气混凝土砌块专用砂浆的使用时间应按照厂方提供的说明书确定。

砌体结构工程使用的湿拌砂浆,除直接使用外必须储存在不吸水的专用容器内,并根据气候条件采取遮阳、保温、防雨雪等措施,砂浆在储存过程中严禁随意加水。

砌筑砂浆试块强度验收时其强度合格标准应符合下列规定:

（1）同一验收批砂浆试块抗压强度平均值应大于或等于设计强度等级值的 1.10 倍;

（2）同一验收批砂浆试块抗压强度的最小一组平均值应大于或等于设计强度等级值的 85%。

注:①砌筑砂浆的验收批,同一类型、强度等级的砂浆试块应不少于 3 组;同一验收批只有 1 组或 2 组试块时,每组试块抗压强度平均值应大于或等于设计强度等级值的 1.10 倍;对于建筑结构的安全等级为一级或设计使用年限为 50 年及以上的房屋,同一验收批砂浆试块的数量不得少于 3 组。

②砂浆强度应以标准养护 28 d 龄期的试块抗压试验结果为准。

③制作砂浆试块的砂浆稠度应与配合比设计一致。

抽检数量为每一检验批且不超过 250 m³ 砌体的各类、各强度等级的普通砌筑砂浆,每台搅拌机应至少抽检一次。验收批的预拌砂浆、蒸压加气混凝土砌块专用砂浆,抽检可为 3 组。

检验方法为在砂浆搅拌机出料口或在湿拌砂浆的储存容器出料口随机取样制作砂浆试块(现场拌制的砂浆,同盘砂浆只应制作 1 组试块),试块标养 28 d 后作强度试验。预拌砂浆中的湿拌砂浆稠度应在进场时取样检验。

当施工中或验收时出现下列情况,可采用现场检验方法对砂浆和砌体强度进行实体检测,并判定其强度:

(1)砂浆试块缺乏代表性或试块数量不足;

(2)对砂浆试块的试验结果有怀疑或有争议;

(3)砂浆试块的试验结果,不能满足设计要求;

(4)发生工程事故,需要进一步分析事故原因。

二、砖砌体工程

砌体砌筑时,混凝土多孔砖、混凝土实心砖、蒸压灰砂砖、蒸压粉煤灰砖等块体的产品龄期不应小于 28 d。有冻胀环境和条件的地区,地面以下或防潮层以下的砌体,不应采用多孔砖。不同品种的砖不得在同一楼层混砌。

砌筑烧结普通砖、烧结多孔砖、蒸压灰砂砖、蒸压粉煤灰砖砌体时,砖应提前 1~2 d 适度湿润,严禁采用干砖或处于吸水饱和状态的砖砌筑,块体湿润程度宜符合下列规定:

(1)烧结类块体的相对含水率 60%~70%;

(2)混凝土多孔砖及混凝土实心砖不需浇水湿润,但在气候干燥炎热的情况下,宜在砌筑前对其喷水湿润。其他非烧结类块体的相对含水率 40%~50%。

采用铺浆法砌筑砌体,铺浆长度不得超过 750 mm;当施工期间气温超过 30 ℃时,铺浆长度不得超过 500 mm。240 mm 厚承重墙的每层墙的最上一皮砖,砖砌体的阶台水平面上及挑出层的外皮砖,应整砖丁砌。弧拱式及平拱式过梁的灰缝应砌成楔形缝,拱底灰缝宽度不宜小于 5 mm,拱顶灰缝宽度不应大于 15 mm,拱体的纵向及横向灰缝应填实砂浆;平拱式过梁拱脚下面应伸入墙内不小于 20 mm;砖砌平拱过梁底应有 1% 的起拱。

砖过梁底部的模板及其支架拆除时,灰缝砂浆强度不应低于设计强度的 75%。多孔砖的孔洞应垂直于受压面砌筑。半盲孔多孔砖的封底面应朝上砌筑。竖向灰缝不应出现瞎缝、透明缝和假缝。砖砌体施工临时间断处补砌时,必须将接槎处表面清理干净,洒水湿润,并填实砂浆,保持灰缝平直。

砖砌体工程的质量检验标准见表 3-30。

表 3-30　砖砌体工程质量检验标准

项	序	检查项目	质 量 要 求	检 查 方 法	检 查 数 量
主控项目	1	砖和砂浆的强度等级	必须符合设计要求	检查砖和砂浆试块试验报告	每一生产厂家,烧结普通砖、混凝土实心砖每15万块,烧结多孔砖、混凝土多孔砖、蒸压灰砂砖及蒸压粉煤灰砖每10万块各为一验收批,不足上述数量时按1批计,抽检数量为1组。砂浆试块的抽检数量按砌筑砂浆"检验批施工质量验收"执行
	2	灰缝砂浆饱满度	砌体灰缝砂浆应密实饱满,砖墙水平灰缝的砂浆饱满度不得低于80%;砖柱水平灰缝和竖向灰缝饱满度不得低于90%	用百格网检查砖底面与砂浆的粘结痕迹面积,每处检测3块砖,取其平均值	
	3	留槎要求	砖砌体的转角处和交接处应同时砌筑,严禁无可靠措施的内外墙分砌施工。在抗震设防烈度为8度及8度以上地区,对不能同时砌筑而又必须留置的临时间断处应砌成斜槎,普通砖砌体斜槎水平投影长度不应小于高度的2/3,多孔砖砌体的斜槎长高比不应小于1/2。斜槎高度不得超过一步脚手架的高度	观察检查	每检验批抽查不应少于5处
	4	拉结筋的设置	非抗震设防及抗震设防烈度为6度、7度地区的临时间断处,当不能留斜槎时,除转角处外,可留直槎,但直槎必须做成凸槎,且应加设拉结钢筋,拉结钢筋应符合下列规定: (1)每120 mm墙厚放置1φ6拉结钢筋(120 mm厚墙放置2φ6拉结钢筋); (2)间距沿墙高不应超过500 mm,且竖向间距偏差不应超过100 mm; (3)埋入长度从留槎处算起每边均不应小于500 mm,对抗震设防烈度6度、7度的地区,不应小于1000 mm; (4)末端应有90°弯钩	观察和尺量检查	

续表

项	序	检查项目	质量要求	检查方法	检查数量
一般项目	1	组砌方法	砖砌体组砌方法应正确,内外搭砌,上、下错缝。清水墙、窗间墙无通缝;混水墙中不得有长度大于 300 mm 的通缝,长度 200～300 mm 的通缝每间不超过 3 处,且不得位于同一面墙体上。砖柱不得采用包心砌法	观察检查。砌体组砌方法抽检每处应为 3～5 m	每检验批抽查不应少于 5 处
	2	灰缝质量要求	砖砌体的灰缝应横平竖直,厚薄均匀,水平灰缝厚度及竖向灰缝宽度宜为 10 mm,但不应小于 8 mm,也不应大于 12 mm	水平灰缝厚度用尺量 10 皮砖砌体高度折算;竖向灰缝宽度用尺量 2 m 砌体长度折算	
	3	砖砌体尺寸、位置	允许偏差见表 3-31	见表 3-31	见表 3-31

表 3-31　砖砌体尺寸、位置的允许偏差及检验

项 次		项　目		允许偏差/mm	检验方法	抽检数量
1		轴线位移		10	用经纬仪和尺或用其他测量仪器检查	承重墙、柱全数检查
2		基础、墙、柱顶面标高		±15	用水准仪和尺检查	不应少于 5 处
3	墙面垂直度	每层		5	用 2 m 拖线板检查	
		全高	≤10 m	10	用经纬仪、吊线和尺或用其他测量仪器检查	外墙全部阳角
			>10 m	20		
4	表面平整度	清水墙、柱		5	用 2 m 靠尺和楔形塞尺检查	不应少于 5 处
		混水墙、柱		8		
5	水平灰缝平直度	清水墙		7	拉 5 m 线和尺检查	
		混水墙		10		
6		门窗洞口高、宽(后塞口)		±10	用尺检查	
7		外墙上下窗口偏移		20	以底层窗口为准,用经纬仪或吊线检查	
8		清水墙游丁走缝		20	以每层第一皮砖为准,用吊线和尺检查	

三、混凝土小型空心砌块砌体工程

施工前,应按房屋设计图编绘小砌块平、立面排块图,施工中应按排块图施工。施工采用的小砌块的产品龄期不应小于 28 d。砌筑小砌块时,应清除表面污物,剔除外观质量不合格的小砌块,宜选用专用的小砌块砌筑砂浆。

底层室内地面以下或防潮层以下的砌体,应采用强度等级不低于 C20(或 Cb20)的混凝土灌实

小砌块的孔洞。砌筑普通混凝土小型空心砌块砌体,不需对小砌块浇水湿润,如遇天气干燥炎热,宜在砌筑前对其喷水湿润;对轻骨料混凝土小砌块,应提前浇水湿润,块体的相对含水率宜为40%～50%。雨天及小砌块表面有浮水时,不得施工。承重墙体使用的小砌块应完整、无破损、无裂缝。

小砌块墙体应孔对孔、肋对肋错缝搭砌。单排孔小砌块的搭接长度应为块体长度的1/2;多排孔小砌块的搭接长度可适当调整,但不宜小于小砌块长度的1/3,且不应小于90 mm。墙体的个别部位不能满足上述要求时,应在灰缝中设置拉结钢筋或钢筋网片,但竖向通缝仍不得超过两皮小砌块。

小砌块应将生产时的底面朝上反砌于墙上,宜逐块坐(铺)浆砌筑。在散热器、厨房和卫生间等设备的卡具安装处砌筑的小砌块,宜在施工前用强度等级不低于C20(或Cb20)的混凝土将其孔洞灌实。每步架墙(柱)砌筑完后,应随即刮平墙体灰缝。

混凝土小型空心砌块砌体工程的质量检验标准见表3-32。

表3-32　混凝土小型空心砌块砌体工程质量检验标准

项	序	检查项目	质量要求	检查方法	检查数量
主控项目	1	小砌块和砂浆的强度等级	必须符合设计要求	检查小砌块和砂浆试块试验报告	每一生产厂家,每1万块小砌块至少应抽检一组。用于多层以上建筑基础和底层的小砌块抽检数量不应少于2组。砂浆试块的抽检数量按砌筑砂浆"检验批施工质量验收"执行
	2	灰缝砂浆饱满度	砌体水平灰缝和竖向灰缝的砂浆饱满度,按净面积计算不得低于90%	用专用百格网检测小砌块与砂浆粘结痕迹,每处检测3块小砌块,取其平均值	每检验批抽查不应少于5处
	3	留槎要求	墙体转角处和纵横交接处应同时砌筑。临时间断处应砌成斜槎,斜槎水平投影长度不应小于斜槎高度,施工洞口可预留直槎,但在洞口砌筑和补砌时,应在直槎上下搭砌的小砌块孔洞内用强度等级不低于C20(或Cb20)的混凝土灌实	观察检查	
	4	芯柱	小砌块砌体的芯柱在楼盖处应贯通,不得削弱芯柱截面尺寸;芯柱混凝土不得漏灌		
一般项目	1	灰缝厚度与宽度	砌体的水平灰缝厚度和竖向灰缝宽度宜为10 mm,但不应小于8 mm,也不应大于12 mm	水平灰缝厚度用尺量5皮小砌块的高度折算;竖向灰缝宽度用尺量2 m砌体长度折算	
	2	墙体一般尺寸允许偏差	允许偏差见表3-31	见表3-31	见表3-31

四、配筋砌体工程

施工配筋小砌块砌体剪力墙,应采用专用的小砌块砌筑砂浆,专用小砌块灌孔混凝土浇筑芯柱。设置在灰缝内的钢筋应居中置于灰缝内,水平灰缝厚度应大于钢筋直径 4 mm 以上。

配筋砌体工程的质量检验标准见表 3-33。

表 3-33　配筋砌体工程质量检验标准

项	序	检查项目	质量要求	检查方法	检查数量
主控项目	1	钢筋的品种、规格和数量	应符合设计要求	检查钢筋的合格证书、钢筋性能复试试验报告、隐蔽工程记录	全数检查
	2	混凝土或砂浆的强度等级	构造柱、芯柱、组合砌体构件、配筋砌体剪力墙构件的混凝土或砂浆的强度等级应符合设计要求	检查混凝土和砂浆试块试验报告	每检验批砌体试块不应少于 1 组,验收批砌体试块不得少于 3 组
	3	构造柱与墙体的连接	应符合下列规定: 墙体应砌成马牙槎,马牙槎凹凸尺寸不宜小于 60 mm,高度不应超过 300 mm,马牙槎应先退后进,对称砌筑;马牙槎尺寸偏差每一构造柱不应超过 2 处; 预留拉结钢筋的规格、尺寸、数量及位置应正确,拉结钢筋应沿墙高每隔 500 mm 设 2φ6,伸入墙内不宜小于 600 mm,钢筋的竖向移位不应超过 100 mm,且竖向移位每一构造柱不得超过 2 处; 施工中不得任意弯折拉结钢筋	观察检查和尺量检查	每检验批抽查不应少于 5 处
	4	受力钢筋	配筋砌体中受力钢筋的连接方式及锚固长度、搭接长度应符合设计要求	观察检查	
一般项目	1	构造柱一般尺寸允许偏差	构造柱一般尺寸允许偏差及检验方法应符合表 3-34 的规定	见表 3-34	每检验批抽查不应少于 5 处
	2	钢筋防腐	设置在砌体灰缝中钢筋的防腐保护应符合规定,且钢筋防护层完好,不应有肉眼可见裂纹、剥落和擦痕等缺陷	观察检查	
	3	钢筋网	网状配筋砖砌体中,钢筋网规格及放置间距应符合设计规定。每一构件钢筋网沿砌体高度位置超过设计规定一皮砖厚不得多于一处	通过钢筋网成品检查钢筋规格,钢筋网放置间距采用局部剔缝观察,或用探针刺入灰缝内检查,或用钢筋位置测定仪测定	
	4	钢筋安装位置的允许偏差	钢筋安装位置的允许偏差及检验方法应符合表 3-35 的规定	见表 3-35	

表 3-34　构造柱一般尺寸允许偏差及检验方法

项　次	项　目			允许偏差/mm	检验方法
1	中心线位置			10	用经纬仪和尺检查或用其他测量仪器检查
2	层间错位			8	
3	垂直度	每层		10	用 2 m 拖线板检查
		全高	≤10 m	15	用经纬仪、吊线和尺检查或用其他测量仪器检查
			>10 m	20	

表 3-35　钢筋安装位置的允许偏差和检验方法

项　目		允许偏差/mm	检验方法
受力钢筋保护层厚度	网状配筋砌体	±10	检查钢筋网成品,钢筋网放置位置局部剔缝观察,或用探针刺入灰缝内检查,或用钢筋位置测定仪测定
	组合砖砌体	±5	支模前观察与尺量检查
	配筋小砌块砌体	±10	浇筑灌孔混凝土前观察与尺量检查
配筋小砌块砌体墙凹槽中水平钢筋间距		±10	钢尺量连续三档,取最大值

五、填充墙砌体工程

砌筑填充墙时,轻骨料混凝土小型空心砌块和蒸压加气混凝土砌块的产品龄期不应小于 28 d,蒸压加气混凝土砌块的含水率宜小于 30%。烧结空心砖、蒸压加气混凝土砌块、轻骨料混凝土小型空心砌块等的运输、装卸过程中,严禁抛掷和倾倒;进场后应按品种、规格分别堆放整齐,堆置高度不宜超过 2 m。蒸压加气混凝土砌块在运输及堆放中应防止雨淋。

吸水率较小的轻骨料混凝土小型空心砌块及采用薄灰砌筑法施工的蒸压加气混凝土砌块,砌筑前不应对其浇(喷)水湿润;在气候干燥炎热的情况下,对吸水率较小的轻骨料混凝土小型空心砌块宜在砌筑前喷水湿润。采用普通砌筑砂浆砌筑填充墙时,烧结空心砖、吸水率较大的轻骨料混凝土小型空心砌块应提前 1~2 d 浇(喷)水湿润。蒸压加气混凝土砌块采用蒸压加气混凝土砌块砌筑砂浆或普通砌筑砂浆砌筑时,应在砌筑当天对砌块砌筑面喷水湿润。块体湿润程度宜符合下列规定:

(1)烧结空心砖的相对含水率 60%~70%;

(2)吸水率较大的轻骨料混凝土小型空心砌块、蒸压加气混凝土砌块的相对含水率 40%~50%。

在厨房、卫生间、浴室等处采用轻骨料混凝土小型空心砌块、蒸压加气混凝土砌块砌筑墙体时,墙底部宜现浇混凝土坎台,其高度宜为 150 mm。

填充墙砌体砌筑,应待承重主体结构检验批验收合格后进行。填充墙与承重主体结构间的空(缝)隙部位施工,应在填充墙砌筑 14 d 后进行。

填充墙砌体工程的质量检验标准见表 3-36。

建筑工程质量与安全管理

表 3-36　填充墙砌体工程质量检验标准

项目	序	检查项目	质量要求	检查方法	检查数量
主控项目	1	烧结空心砖、小砌块和砌筑砂浆的强度等级	应符合设计要求	检查砖、小砌块进场复验报告和砂浆试块试验报告	烧结空心砖每10万块为一验收批,小砌块每1万块为一验收批,不足上述数量时按一批计,抽检数量为1组。砂浆试块的抽检数量按砌筑砂浆"检验批施工质量验收"执行
	2	连接构造	填充墙砌体应与主体结构可靠连接,其连接构造应符合设计要求,未经设计同意,不得随意改变连接构造方法。每一填充墙与柱的拉结筋的位置超过一皮块体高度的数量不得多于一处	观察检查	每检验批抽查不应少于5处
	3	连接钢筋	填充墙与承重墙、柱、梁的连接钢筋,当采用化学植筋的连接方式时,应进行实体检测。锚固钢筋拉拔试验的轴向受拉非破坏承载力检验值应为6.0 kN。抽检钢筋在检验值作用下应基材无裂缝、钢筋无滑移宏观裂损现象;持荷2 min期间荷载值降低不大于5%	原位试验检查	按表3-37确定
一般项目	1	填充墙砌体尺寸、位置的允许偏差	填充墙砌体尺寸、位置的允许偏差及检验方法应符合表3-38的规定	见表3-38	每检验批抽查不应少于5处
	2	砂浆饱满度	填充墙砌体的砂浆饱满度及检验方法应符合表3-39的规定	见表3-39	
	3	拉结钢筋或网片位置	填充墙留置的拉结钢筋或网片的位置应与块体皮数相符合。拉结钢筋或网片应置于灰缝中,埋置长度应符合设计要求,竖向位置偏差不应超过一皮高度	观察和用尺检查	
	4	错缝搭砌	砌筑填充墙时应错缝搭砌,蒸压加气混凝土砌块搭砌长度不应小于砌块长度的1/3;轻骨料混凝土小型空心砌块搭砌长度不应小于90 mm;竖向通缝不应大于2皮	观察检查	
	5	灰缝厚度与宽度	填充墙的水平灰缝厚度和竖向灰缝宽度应正确,烧结空心砖、轻骨料混凝土小型空心砌块砌体的灰缝应为8~12 mm;蒸压加气混凝土砌块砌体当采用水泥砂浆、水泥混合砂浆或蒸压加气混凝土砌块砌筑砂浆时,水平灰缝厚度和竖向灰缝宽度不应超过15 mm;当蒸压加气混凝土砌块砌体采用蒸压加气混凝土砌块粘结砂浆时,水平灰缝厚度和竖向灰缝宽度宜为3~4 mm	水平灰缝厚度用尺量5皮小砌块的高度折算;竖向灰缝宽度用尺量2 m砌体长度折算	

88

表 3-37　检验批抽检锚固钢筋样本最小容量

检验批的容量	样本最小容量	检验批的容量	样本最小容量
≤90	5	281～500	20
91～150	8	501～1200	32
151～280	13	1201～3200	50

表 3-38　填充墙砌体尺寸、位置的允许偏差及检验方法

项　次	项　目		允许偏差/mm	检验方法
1	轴线位移		10	用尺检查
2	垂直度（每层）	≤3 m	5	用 2 m 拖线板或吊线、尺检查
		>3 m	10	
3	表面平整度		8	用 2 m 靠尺和楔形尺检查
4	门窗洞口高、宽（后塞口）		±10	用尺检查
5	外墙上、下窗口偏移		20	用经纬仪或吊线检查

表 3-39　填充墙砌体的砂浆饱满度及检验方法

砌体分类	灰　缝	饱满度及要求	检验方法
空心砖砌体	水平	≥80%	采用百格网检查块体底面或侧面砂浆的粘结痕迹面积
	垂直	填满砂浆，不得有透明缝、瞎缝、假缝	
蒸压加气混凝土砌块、轻骨料混凝土小型空心砌块砌体	水平	≥80%	
	垂直		

六、砌体结构工程施工常见质量问题

1. 砂浆强度不稳定

1）现象

多数砂浆强度较低，影响砌体强度和质量。

2）原因分析

（1）无配合比或配合比不准确；

（2）计量不准；

（3）拌制工艺随意。

3）预防措施

（1）砂浆配合比的确定，应结合现场材质情况进行试配，试配时应采用重量比，在满足砂浆

和易性的条件下,控制砂浆强度。

(2) 建立施工计量器具校验、维修、保管制度,以保证计量的准确性。

(3) 正确选择砂浆搅拌加料顺序。

(4) 试块的制作、养护和抗压强度取值,应按《建筑砂浆基本性能试验方法标准》(JGJ/T 70)的规定执行。

4) 治理方法

(1) 如发现搅拌砂浆无配合比或不计量时,必须立即停机纠正后再搅拌。

(2) 如有强度低的砂浆已用于砌墙,必须拆除后换合格砂浆重新砌筑。

2. 砖缝砂浆不饱满

1) 现象

砖层水平灰缝砂浆饱满度低于 80%(规范规定);竖缝内无砂浆(瞎缝或透明缝)。

2) 原因分析

(1) 砂浆和易性差;

(2) 干砖上墙;

(3) 砌筑方法不当。

3) 防治措施

(1) 改善砂浆和易性是确保灰缝砂浆饱满度和提高粘结强度的关键。

(2) 改进砌筑方法。不宜采取铺浆法或摆砖砌筑,应推广"三一砌砖法"。

(3) 当采用铺浆法砌筑时,必须控制铺浆的长度,一般气温情况下不得超过 750 mm,当施工期间气温超过 30 ℃时,不得超过 500 mm。

(4) 严禁用干砖砌墙。砌筑前 1~2 d 应将砖浇湿,使砌筑时烧结普通砖和多孔砖的含水率达到 10%~15%;灰砂砖和粉煤灰砖的含水率达到 8%~12%。

(5) 冬期施工时,在正温度条件下也应将砖面适当湿润后再砌筑。负温下施工无法浇砖时,应适当增大砂浆的稠度。对于 9 度抗震设防地区,在严冬无法浇砖情况下,不能进行砌筑。

3. 大梁处填充墙裂缝

1) 现象

大梁底部的墙体(窗间墙),产生局部裂缝。

2) 原因分析

(1) 未设置梁垫或梁垫面积不足,导致砖墙局部承受荷载过大;

(2) 砖和砂浆标号偏低、施工质量差。

3) 防治措施

(1) 有大梁集中荷载作用的窗间墙,应有一定的宽度(或加垛)。

(2) 梁下应设置足够面积的现浇混凝土梁垫,当大梁荷载较大时,墙体尚应考虑横向配筋。

(3) 对宽度较小的窗间墙,施工中应避免留脚手眼。

(4) 有些墙体裂缝具有地区性特点,应会同设计与施工单位,结合本地区气候、环境和结构形式、施工方法等,进行综合调查分析,然后采取措施,加以解决。

例题 3-2 　某办公楼工程,建筑面积为 23 723 m²,框架剪力墙结构,地下 1 层,地上 12 层,首层高 4.8 m,标准层高 3.6 m。顶层房间为轻钢龙骨纸面石膏板吊顶,工程结构施工采用外双排落地脚手架。工程于 2008 年 6 月 15 日开工,计划竣工日期为 2010 年 5 月 1 日。

事件一:2009 年 5 月 20 日 7 时 30 分左右,因通道和楼层自然采光不足,瓦工陈某不慎从 9 层未设门槛的管道井坠落至地下一层混凝土底板上,当场死亡。

事件二:在检查第 5、6 层填充墙砌体时,发现梁底位置都出现水平裂缝。

问题:

(1)本工程结构施工脚手架是否需要编制专项施工方案?说明理由。

(2)脚手架专项施工方案的内容应有哪些?

(3)事件一中,分析导致这起事故发生的主要原因是什么?

(4)对落地的竖向洞口应采用哪些方式加以防护?

(5)分析事件二中,第 5、6 层填充墙砌体出现梁底水平裂缝的原因,并提出预防措施。

答案:

(1)本工程结构脚手架需要制定专项方案。理由:根据《危险性较大的分部分项工程安全管理规定》,脚手架高度 24 m 及以上落地式钢管脚手架工程,需要单独编制专项施工方案。本工程中,脚手架高度为(3.6×11+4.8) m＝44.4 m＞24 m,必须编制专项方案。

(2)方案内容主要包括:材料要求;基础要求;荷载计算、计算简图、计算结果、安全系数;立杆横距、立杆纵距、杆件连接、步距、允许搭设高度、连墙杆做法、门洞处理、剪刀撑要求、脚手板、挡脚板、扫地杆等构造要求;脚手架搭设、拆除;安全技术措施及安全管理、维护、保养;平面图、剖面图、立面图、节点图要求反映杆件连接、拉结基础等情况。

(3)导致这起事故发生的主要原因有:

①楼层管道井竖向洞口无防护;

②楼层内自然采光不足的情况下没有设置照明灯具;

③现场安全检查不到位,对事故隐患未能及时发现并整改;

④工人的安全教育不到位,安全意识淡薄。

(4)凡落地的洞口应加装开关式、固定式或工具式防护门,门栅网格的间距不应大于15 cm,也可采用防护栏杆,下设挡脚板。

(5)原因分析:砖墙砌筑时一次到顶;砌筑砂浆饱满度不够;砂浆质量不符合要求;砌筑方法不当。

预防措施:

① 墙体砌至接近梁底时应留一定空隙,待全部砌完后至少隔 7 天后,再补砌挤紧。

② 提高砌筑砂浆的饱满度。

③ 确保砂浆质量符合要求。

④ 砌筑方法正确。

⑤ 轻微裂缝可挂钢丝网或采用膨胀剂填塞。

⑥ 严重裂缝,拆除重砌。

项目小结

本章主要介绍了混凝土结构工程质量控制与验收和砌体工程质量控制与验收两大部分内容。

混凝土结构工程质量控制与验收包括模板工程质量控制与验收、钢筋工程质量控制与验收、预应力工程质量控制与验收及混凝土工程质量控制与验收。

砌体工程质量控制与验收包括砌筑砂浆质量控制与验收、砖砌体工程质量控制与验收、混凝土小型空心砌块砌体工程质量控制与验收、配筋砌体工程质量控制与验收及填充墙砌体工程质量控制与验收。

习 题

一、单项选择题

1. 对于跨度为 6 m 的现浇钢筋混凝土梁,其模板当设计无具体要求时,起拱高度可为(   )。

A. 12 mm   B. 20 mm   C. 12 cm   D. 20 cm

2. 结构跨度为 4 m 的钢筋混凝土现浇板的底模及其支架,当设计无具体要求时,混凝土强度达到(   )时方可拆模。

A. 50％   B. 75％   C. 85％   D. 100％

3. 钢筋混凝土用钢筋的组批规则:钢筋应按批进行检查和验收,每批重量不大于(   )。

A. 20 t   B. 30 t   C. 50 t   D. 60 t

4. 钢筋调直后应进行力学性能和(   )的检验,其强度应符合有关标准的规定。

A. 重量偏差   B. 直径   C. 圆度   D. 外观

5. 同一生产厂家、同一等级、同一品种、同一批号且连续进场的水泥,袋装不超过(   )t 为一批,每批抽样不少于一次。

A. 100   B. 150   C. 200   D. 300

6. 结构混凝土中氯离子含量系指其占(   )的百分比。

A. 水泥用量   B. 粗骨料用量   C. 细骨料用量   D. 混凝土重量

7. 混凝土浇筑完毕后,在混凝土强度达到(   )N/mm² 前,不得在其上踩踏。

A. 1   B. 1.2   C. 1.5   D. 2

8. 砌筑砂浆的水泥,使用前应对(   )进行复验。

A. 强度   B. 安定性   C. 细度   D. A＋B

9. 填充墙与承重主体结构间的空(缝)隙部位施工,应在填充墙砌筑(   )d 后进行。

A. 7   B. 14   C. 28   D. 56

10. 填充墙的水平灰缝厚度用尺量(   )皮小砌块的高度折算。

A. 2   B. 5   C. 7   D. 10

二、思考题

1.简述底模拆除时的混凝土强度要求。

2.简述钢筋原材料质量检验标准。

3.简述不得设置脚手眼的墙体或部位。

三、案例题

案例一：

某3层砖混结构教学楼的2楼悬挑阳台突然断裂，阳台悬挂在墙面上。幸好是在夜间发生，没有人员伤亡。经事故调查和原因分析发现，造成该质量事故的主要原因是施工队伍素质差，在施工时将本应放在上部的受拉钢筋放在了阳台板的下部，使得悬臂结构受拉区无钢筋而产生脆性破坏。

问题：

1.如果该工程施工过程中实施了工程监理，监理单位对该起质量事故是否应承担责任？为什么？

2.钢筋工程隐蔽验收的要点有哪些？

3.项目质量因素的"4M1E"是指哪些因素？

案例二：

某公司(甲方)办公楼工程，地下1层，地上9层，总建筑面积33 000 m²，箱形基础，框架剪力墙结构。该工程位于某居民区，现场场地狭小。施工单位(乙方)为了能在冬季前竣工，采用了夜间施工的赶工方式，居民对此意见很大。施工中为缩短运输时间和运输费用，土方队24小时作业，其出入现场的车辆没有毡盖，在回填时把现场一些废弃物直接用作土方回填。工程竣工后，乙方向甲方提交了竣工报告，甲方为尽早使用，还没有组织验收便提前进住。使用中，公司发现办公楼存在质量问题，要求承包方修理。承包方则认为工程未经验收，发包方提前使用出现质量问题，承包商不再承担责任。

问题：

1.依据有关法律法规，该质量问题的责任由谁承担？

2.文明施工在对现场周围环境和居民服务方面有何要求？

3.试述单位工程质量验收的内容。

4.防治混凝土蜂窝、麻面的主要措施有哪些？

学习情境 4

屋面工程质量控制与验收

教学目标
○ ○ ○ ○

▎知识目标

1. 了解屋面工程施工质量控制要点。
2. 熟悉屋面工程施工常见质量问题及预防措施。
3. 掌握屋面工程验收标准、验收内容和验收方法。

▎能力目标

1. 能对屋面工程进行质量验收和评定。
2. 能对屋面工程常见质量问题进行预控。

任务 1 基层与保护工程质量控制与验收

屋面找坡应满足设计排水坡度要求,结构找坡不应小于 3%,材料找坡宜为 2%;檐沟、天沟纵向找坡不应小于 1%,沟底水落差不得超过 200 mm。

一、找坡层和找平层

找坡层宜采用轻骨料混凝土;找坡材料应分层铺设和适当压实,表面应平整。找平层宜采用水泥砂浆或细石混凝土;找平层的抹平工序应在初凝前完成,压光工序应在终凝前完成,终凝后应进行养护。找平层分格缝纵横间距不宜大于 6 m,分格缝的宽度宜为 5~20 mm。

找坡层和找平层质量检验标准见表 4-1。

表 4-1 找坡层和找平层质量检验标准

项	序	项　目	检验标准及要求	检验方法	检查数量
主控项目	1	材料质量及配合比	应符合设计要求	检查出厂合格证、质量检验报告和计量措施	应按屋面面积每 100 m² 抽查一处,每处应为 10 m²,且不得少于 3 处
	2	排水坡度		坡度尺检查	
一般项目	1	表面质量	找平层应抹平、压光,不得有酥松、起砂、起皮现象	观察检查	
	2	交接处与转角处	卷材防水层的基层与突出屋面结构的交接处,以及基层的转角处,找平层应做成圆弧形,且应整齐平顺		
	3	分格缝	找平层分格缝的宽度和间距,均应符合设计要求	观察和尺量检查	
	4	表面平整度	找坡层表面平整度的允许偏差为 7 mm,找平层表面平整度的允许偏差为 5 mm	2 m 靠尺和塞尺检查	

二、隔汽层

隔汽层的基层应平整、干净、干燥。隔汽层应设置在结构层与保温层之间;隔汽层应选用气密性、水密性好的材料。在屋面与墙的连接处,隔汽层应沿墙面向上连续铺设,高出保温层上表面不得小于 150 mm。隔汽层采用卷材时宜空铺,卷材搭接缝应满粘,其搭接宽度不应小于 80 mm;隔汽层采用涂料时,应涂刷均匀。穿过隔汽层的管线周围应封严,转角处应无折损;隔汽层凡有缺陷或破损的部位,均应进行返修。

隔汽层质量检验标准见表 4-2。

表 4-2　隔汽层质量检验标准

项	序	项　目	检验标准及要求	检验方法	检查数量
主控项目	1	材料质量	应符合设计要求	检查出厂合格证、质量检验报告和进场检验报告	应按屋面面积每100 m² 抽查一处，每处应为10 m²，且不得少于3处
	2	表面质量	不得有破损现象		
一般项目	1	卷材隔汽层	应铺设平整，卷材搭接缝应粘结牢固，密封应严密，不得有扭曲、皱折和起泡等缺陷	观察检查	
	2	涂膜隔汽层	应粘结牢固，表面平整，涂布均匀，不得有堆积、起泡和露底等缺陷		

三、隔离层

块体材料、水泥砂浆或细石混凝土保护层与卷材、涂膜防水层之间，应设置隔离层。隔离层可采用干铺塑料膜、土工布、卷材或铺抹低强度等级砂浆。

隔离层的质量检验标准见表 4-3。

表 4-3　隔离层质量检验标准

项	序	项　目	检验标准及要求	检验方法	检查数量
主控项目	1	材料质量及配合比	应符合设计要求	检查出厂合格证和计量措施	同找平层和找坡层
	2	表面质量	不得有破损和漏铺现象	观察检查	
一般项目	1	铺设与搭接	塑料膜、土工布、卷材应铺设平整，其搭接宽度不应小于 50 mm，不得有皱折	观察和尺量检查	同找平层和找坡层
	2	砂浆表面	低强度等级砂浆表面应压实、平整，不得有起壳、起砂现象	观察检查	

四、保护层

防水层上的保护层施工，应待卷材铺贴完成或涂料固化成膜，并经检验合格后进行。用块体材料做保护层时，宜设置分格缝，分格缝纵横间距不应大于 10 m，分格缝宽度宜为 20 mm；用水泥砂浆做保护层时，表面应抹平压光，并应设表面分格缝，分格面积宜为 1 m²；用细石混凝土做保护层时，混凝土应振捣密实，表面应抹平压光，分格缝纵横间距不应大于 6 m，分格缝的宽度宜为 10～20 mm。块体材料、水泥砂浆或细石混凝土保护层与女儿墙和山墙之间，应预留宽度为 30 mm 的缝隙，缝内宜填塞聚苯乙烯泡沫塑料，并应用密封材料嵌填密实。

保护层质量检验标准见表 4-4。

表 4-4 保护层质量检验标准

项目	序	项　目	检验标准及要求	检验方法	检查数量
主控项目	1	材料的质量及配合比	应符合设计要求	检查出厂合格证、质量检验报告和计量措施	同找平层和找坡层
	2	强度等级	块体材料、水泥砂浆或细石混凝土保护层的强度等级,应符合设计要求	检查块体材料、水泥砂浆或混凝土抗压强度试验报告	
	3	排水坡度	应符合设计要求	坡度尺检查	
一般项目	1	块体材料保护层表面质量	块体材料保护层表面应干净,接缝应平整,周边应顺直,镶嵌应正确,应无空鼓现象	小锤轻击和观察检查	
	2	水泥砂浆、细石混凝土保护层表面质量	水泥砂浆、细石混凝土保护层不得有裂纹、脱皮、麻面和起砂等现象	观察检查	
	3	浅色涂料表面质量	浅色涂料应与防水层粘结牢固,厚薄应均匀,不得漏涂		
	4	允许偏差和检验方法	应符合表 4-5 的规定	见表 4-5	

表 4-5 保护层的允许偏差和检验方法

项　目	允许偏差/mm			检验方法
	块体材料	水泥砂浆	细石混凝土	
表面平整度	4.0	4.0	5.0	2 m 靠尺和塞尺检查
缝格平直	3.0	3.0	3.0	拉线和尺量检查
接缝高低差	1.5	—	—	直尺和塞尺检查
板块间隙宽度	2.0	—	—	尺量检查
保护层厚度	设计厚度的 10%,且不得大于 5 mm			钢针插入和尺量检查

五、基层与保护工程常见质量问题

找平层开裂:

1)现象

找平层出现无规则的裂缝比较普遍,主要发生在有保温层的水泥砂浆找平层上。这些裂缝一般分为断续状和树枝状两种,裂缝宽度一般在 0.2~0.3 mm,个别可达 0.5 mm 以上,出现时间主要发生在水泥砂浆施工初期至 20 d 左右龄期内。较大的裂隙易引发防水卷材开裂,两者的位置、大小互为对应。

另一种是在找平层上出现横向有规则裂缝,这种裂缝往往是通长和笔直的,裂缝间距在 4~6 m 左右。

2)原因分析

(1)在保温屋面中,如采用水泥砂浆找平层,其刚度和抗裂性明显不足。

(2)在保温层上采用水泥砂浆找平,两种材料的线膨胀系数相差较大,且保温材料容易吸水。

(3)找平层的开裂还与施工工艺有关,如抹压不实、养护不良等。找平层上出现横向的规则裂纹,主要是屋面温差较大所致。

3)预防措施

(1)在屋面防水等级为重要的工程中,可采取如下措施:①对于整浇的钢筋混凝土结构基层,一般应取消水泥砂浆找平层。这样可省去找平层的工料费,也可保持有利于防水效果的施工基面。②对于保温屋面,在保温材料上必须设置35~40 mm厚的C20细石混凝土找平层,内配A4@200钢丝网片。

(2)找平层应设分格缝,分格缝宜设在板端处。

(3)对于抗裂要求较高的屋面防水工程,水泥砂浆找平层中,宜掺微膨胀剂。

4)治理方法

(1)对于裂缝宽度在0.3 mm以下的无规则裂缝,可用稀释后的改性沥青防水涂料多次涂刷,予以封闭。

(2)对于裂缝宽度在0.3 mm以上的无规则裂缝,除了对裂缝进行封闭外,还宜在裂缝两边加贴"一布二涂"有胎体材料的涂膜防水层,贴缝宽度一般为70~100 mm。

(3)对于横向有规则的裂缝,应在裂缝处将砂浆找平层凿开,形成温度分格缝。

例题 4-1　某公共建筑工程,建筑面积22 000 m²,地下2层,地上5层,层高3.2 m,钢筋混凝土框架结构,大堂一至三层中空,大堂顶板为钢筋混凝土井字梁结构,屋面为女儿墙,屋面防水材料采用SBS卷材,某施工总承包单位承担施工任务。

找平层采用石灰砂浆,初凝后进行抹平施工,终凝后进行压光施工,压光后开始养护。找平层分格缝纵横向间距均为8 m,宽度为25 mm。施工后发现找平层出现空鼓、开裂现象。

问题:

(1)找平层施工是否正确?说明理由。

(2)找平层分格缝设置是否正确?为什么?

(3)阐述找平层出现空鼓、开裂的原因及预防措施。

答案:

(1)①找平层采用石灰砂浆不正确,正确做法:找平层宜采用水泥砂浆或细石混凝土。

②初凝后进行抹平施工不正确,正确做法:找平层的抹平工序应在初凝前完成。

③终凝后进行压光施工,压光后开始养护不正确,正确做法:压光工序应在终凝前完成,终凝后应进行养护。

(2)分格缝设置不正确,理由:找平层分格缝纵横间距不宜大于6 m,分格缝的宽度宜为5~20 mm。

(3)找平层空鼓、开裂的原因:基层表面清理不干净,过光滑的表面未经处理,油污沾染未经清洗,湿润欠缺,未刷结合水泥浆,抹压不当,过早受撞击等都可能产生空鼓。砂子过细、含泥量过大,加水过多,找平层厚薄不均,养护不够,尤其是早期失水等原因都能造成找平层开裂。

防治措施:重视基础的錾毛、清理及清洗,基层充分湿润又清除干净表面余水,采用加胶的结合水泥浆,注意用含泥量少、级配好的砂料,水泥用量不应过高且注意正确计量,砂浆应搅拌均匀,控制好保温层的平整度,保证找平层的厚度均匀,加强成品养护。

任务 2 保温与隔热工程质量控制与验收

• • •

铺设保温层的基层应平整、干燥和干净。保温材料在施工过程中应采取防潮、防水和防火等措施。保温材料的导热系数、表观密度或干密度、抗压强度或压缩强度、燃烧性能,必须符合设计要求。种植、架空、蓄水隔热层施工前,防水层均应验收合格。

一、保温工程

1. 板状材料保温层

(1)采用干铺法施工时,板状保温材料应紧靠在基层表面上,应铺平垫稳;分层铺设的板块上下层接缝应相互错开,板间缝隙应采用同类材料的碎屑嵌填密实。

(2)采用粘贴法施工时,胶粘剂应与保温材料的材性相容,并应贴严、粘牢;板状材料保温层的平面接缝应挤紧拼严,不得在板块侧面涂抹胶粘剂,超过2 mm的缝隙应采用相同材料板条或片填塞严实。

(3)采用机械固定法施工时,应选择专用螺钉和垫片;固定件与结构层之间应连接牢固。

2. 纤维材料保温层

(1)纤维材料保温层施工应符合下列规定:
①纤维保温材料应紧靠在基层表面上,平面接缝应挤紧拼严,上下层接缝应相互错开;
②屋面坡度较大时,宜采用金属或塑料专用固定件将纤维保温材料与基层固定;
③纤维材料填充后,不得上人踩踏。

(2)装配式骨架纤维保温材料施工时,应先在基层上铺设保温龙骨或金属龙骨,龙骨之间应填充纤维保温材料,再在龙骨上铺钉水泥纤维板。金属龙骨和固定件应经防锈处理,金属龙骨与基层之间应采取隔热断桥措施。

3. 喷涂硬泡聚氨酯保温层

(1)保温层施工前应对喷涂设备进行调试,并应制备试样进行硬泡聚氨酯的性能检测。

(2)喷涂硬泡聚氨酯的配比应准确计算,发泡厚度应均匀一致。

(3)喷涂时喷嘴与施工基面的间距应由试验确定。

(4)一个作业面应分遍喷涂完成,每遍厚度不宜大于15 mm;当日的作业面应当日连续地喷涂施工完毕。

(5)硬泡聚氨酯喷涂后20 min内严禁上人;喷涂硬泡聚氨酯保温层完成后,应及时做保护层。

4. 现浇泡沫混凝土保温层

(1)在浇筑泡沫混凝土前,应将基层上的杂物和油污清理干净;基层应浇水湿润,但不得有积水。

（2）保温层施工前应对设备进行调试，并应制备试样进行泡沫混凝土的性能检测。

（3）泡沫混凝土的配合比应准确计量，制备好的泡沫加入水泥料浆中应搅拌均匀。

（4）浇筑过程中，应随时检查泡沫混凝土的湿密度。

保温工程的质量检验标准见表4-6。

二、隔热工程

1. 种植隔热层

（1）种植隔热层与防水层之间宜设细石混凝土保护层。

（2）种植隔热层的屋面坡度大于20%时，其排水层、种植土层应采取防滑措施。

（3）排水层施工应符合下列要求：

①陶粒的粒径不应小于25 mm，大粒径应在下，小粒径应在上。

②凹凸形排水板宜采用搭接法施工，网状交织排水板宜采用对接法施工。

③排水层上应铺设过滤层土工布。

④挡墙或挡板的下部应设泄水孔，孔周围应放置疏水粗细骨料。

（4）过滤层土工布应沿种植土周边向上铺设至种植土高度，并应与挡墙或挡板粘牢；土工布的搭接宽度不应小于100 mm，接缝宜采用粘合或缝合。

（5）种植土的厚度及自重应符合设计要求。种植土表面应低于挡墙高度100 mm。

2. 架空隔热层

（1）架空隔热层的高度应按屋面宽度或坡度大小确定。设计无要求时，架空隔热层的高度宜为180～300 mm。

（2）当屋面宽度大于10 m时，应在屋面中部设置通风屋脊，通风口处应设置通风箅子。

（3）架空隔热制品支座底面的卷材、涂膜防水层，应采取加强措施。

（4）架空隔热制品的质量应符合下列要求：

①非上人屋面的砌块强度等级不应低于MU7.5；上人屋面的砌块强度等级不应低于MU10。

②混凝土板的强度等级不应低于C20，板厚及配筋应符合设计要求。

3. 蓄水隔热层

（1）蓄水隔热层与屋面防水层之间应设隔离层。

（2）蓄水池的所有孔洞应预留，不得后凿；所设置的给水管、排水管和溢水管等，均应在蓄水池混凝土施工前安装完毕。

（3）每个蓄水区的防水混凝土应一次浇筑完毕，不得留施工缝。

（4）防水混凝土应用机械振捣密实，表面应抹平和压光，初凝后应覆盖养护，终凝后浇水养护不得少于14 d，蓄水后不得断水。

隔热工程的质量检验标准见表4-7。

表 4-6　保温工程质量检验标准

项	序	检查项目	检验标准及要求	检查方法	检查数量
主控项目	1	板状材料保温层	材料的质量应符合设计要求	检查出厂合格证、质量检验报告和进场检验报告	应按屋面面积每100 m²抽查一处，每处应为10 m²，且不得少于3处
			厚度应符合设计要求，其正偏差应不限，负偏差应为5%，且不得大于4 mm	钢针插入和尺量检查	
			屋面热桥部位处理应符合设计要求	观察检查	
	2	纤维材料保温层	材料的质量应符合设计要求	检查出厂合格证、质量检验报告和进场检验报告	
			厚度应符合设计要求，其正偏差应不限，毡不得有负偏差，板负偏差应为4%，且不得大于3 mm	钢针插入和尺量检查	
			屋面热桥部位处理应符合设计要求	观察检查	
	3	喷涂硬泡聚氨酯保温层	原材料的质量及配合比应符合设计要求	检查原材料出厂合格证、质量检验报告和计量措施	
			厚度应符合设计要求，其正偏差应不限，不得有负偏差	钢针插入和尺量检查	
			屋面热桥部位处理应符合设计要求	观察检查	
	4	现浇泡沫混凝土保温层	原材料的质量及配合比应符合设计要求	检查原材料出厂合格证、质量检验报告和计量措施	
			厚度应符合设计要求，其正负偏差应为5%，且不得大于5 mm	钢针插入和尺量检查	
			屋面热桥部位处理应符合设计要求	观察检查	
一般项目	1	板状材料保温层	铺设应紧贴基层，应铺平垫稳，拼缝应严密，粘贴应牢固	观察检查	
			固定件的规格、数量和位置均应符合设计要求；垫片应与保温层表面齐平		
			表面平整度的允许偏差为5 mm	2 m靠尺和塞尺检查	
			接缝高低差的允许偏差为2 mm	直尺和塞尺检查	
	2	纤维材料保温层	铺设应紧贴基层，拼缝应严密，表面应平整	观察检查	
			固定件的规格、数量和位置均应符合设计要求；垫片应与保温层表面齐平		
			装配式骨架和水泥纤维板应铺钉牢固，表面应平整；龙骨间距和板材厚度应符合设计要求	观察和尺量检查	
			具有抗水蒸气渗透外覆面的玻璃棉制品，其外覆面应朝向室内，拼缝应用防水密封胶带封严	观察检查	
	3	喷涂硬泡聚氨酯保温层	应分遍喷涂，粘结应牢固，表面应平整，找坡应正确	观察检查	
			表面平整度的允许偏差为5 mm	2 m靠尺和塞尺检查	
	4	现浇泡沫混凝土保温层	应分层施工，粘结应牢固，表面应平整，找坡应正确	观察检查	
			不得有贯通性裂缝，以及疏松、起砂、起皮现象		
			表面平整度的允许偏差为5 mm	2 m靠尺和塞尺检查	

表 4-7　隔热工程质量检验标准

项	序	检查项目	检验标准及要求	检查方法	检查数量
主控项目	1	种植隔热层	材料的质量应符合设计要求	检查出厂合格证、质量检验报告	按屋面面积每 500~1000 m² 划分为一个检验批，不足 500 m² 应按一个检验批；每个检验批的抽检数量，应按屋面面积每 100 m² 抽查一处，每处应为 10 m²，且不得少于 3 处
			排水层应与排水系统连通	观察检查	
			挡墙或挡板泄水孔的留设应符合设计要求，并不得堵塞	观察和尺量检查	
	2	架空隔热层	架空隔热制品的质量，应符合设计要求	检查材料或构件合格证和质量检验报告	
			架空隔热制品的铺设应平整、稳固，缝隙勾填应密实	观察检查	
			屋面热桥部位处理应符合设计要求		
	3	蓄水隔热层	防水混凝土所用材料的质量及配合比，应符合设计要求	检查出厂合格证、质量检验报告、进场检验报告和计量措施	
			防水混凝土的抗压强度和抗渗性能，应符合设计要求	检查混凝土抗压和抗渗试验报告	
			蓄水池不得有渗漏现象	蓄水至规定高度观察检查	
一般项目	1	种植隔热层	陶粒应铺设平整、均匀，厚度应符合设计要求	观察和尺量检查	
			排水板应铺设平整，接缝方法应符合国家现行有关标准的规定		
			过滤层土工布应铺设平整、接缝严密，其搭接宽度的允许偏差为 −10 mm		
			种植土应铺设平整、均匀，其厚度的允许偏差为 ±5%，且不得大于 30 mm	尺量检查	
	2	架空隔热层	架空隔热制品距山墙或女儿墙不得小于 250 mm	观察和尺量检查	
			架空隔热层的高度及通风屋脊、变形缝做法，应符合设计要求		
			架空隔热制品接缝高低差的允许偏差为 3 mm	直尺和塞尺检查	
	3	蓄水隔热层	防水混凝土表面应密实、平整，不得有蜂窝、麻面、露筋等缺陷	观察检查	
			防水混凝土表面的裂缝宽度不应大于 0.2 mm，并不得贯通	刻度放大镜检查	
			蓄水池上所留设的溢水口、过水孔、排水管、溢水管等，其位置、标高和尺寸均应符合设计要求	观察和尺量检查	
			蓄水池结构的允许偏差应符合表 4-8 的规定	见表 4-8	

表 4-8　蓄水池结构的允许偏差和检验方法

项　目	允许偏差/mm	检验方法
长度、宽度	+15，-10	尺量检查
厚度	±5	
表面平整度	5	2 m 靠尺和塞尺检查
排水坡度	符合设计要求	坡度尺检查

三、保温与隔热工程常见质量问题

1. 屋面保温层表面铺设不平整

预防措施：

（1）保温层施工前要求基层平整，屋面坡度符合设计要求。

（2）松散保温材料应分层铺设，并适当压实，每层虚铺厚度不宜大于 150 mm；压实程度与厚度应经过试验确定。

（3）干铺的板状保温材料，应紧靠在需保温的基层表面上，并应铺平垫稳。分层铺设的板块上下层接缝应相互错开，板间缝隙应采用同类材料嵌填密实。

（4）沥青膨胀蛭石、沥青膨胀珍珠岩宜用机械搅拌至色泽均匀一致，无沥青团；压实程度根据试验确定，其厚度应符合设计要求，表面应平整。

（5）现喷硬质发泡聚氨酯应按配合比准确计量，发泡厚度均匀一致，表面平整。

2. 保温层乃至找平层出现起鼓、开裂

预防措施：

（1）控制原材料含水率。封闭式保温层的含水率应相当于该材料在当地自然风干状态下的平衡含水率。

（2）倒置式屋面采用吸水率小于 6%、长期浸水不腐烂的保温材料。此时，应用混凝土等块材、水泥砂浆或卵石做保护层；卵石保护层与保温层之间，应干铺一层无纺聚酯纤维布做隔离层。

（3）保温层施工完成后，应及时进行找平层和防水层的施工。在雨季施工时保温层应采取遮盖措施。

（4）材料堆放、运输、施工以及成品保护等环节都应采取措施，防止受潮和雨淋。

（5）屋面保温层干燥有困难时，应采用排汽措施。排汽道应纵横贯通，并应与大气连通的排汽孔相通，排汽孔宜每 25 m² 设置 1 个，并做好防水处理。

例题 4-2　某公共建筑工程，建筑面积 22 000 m²，地下 2 层，地上 5 层，层高 3.2 m，钢筋混凝土框架结构，大堂一至三层中空，大堂顶板为钢筋混凝土井字梁结构，屋面为女儿墙，屋

面防水材料采用 SBS 卷材,某施工总承包单位承担施工任务。

架空隔热层的高度为 150 mm;架空隔热层混凝土板的强度等级为 C15。

屋面架空隔热层施工完后,发现隔热效果不佳。

问题:

(1) 架空隔热层的高度和混凝土板的强度等级是否正确? 说明理由。

(2) 阐述屋面架空隔热层隔热效果不佳的原因及预防措施。

答案:

(1) 架空隔热层的高度为 150 mm 不正确。

理由:架空隔热层的高度应按屋面宽度或坡度大小确定。设计无要求时,架空隔热层的高度宜为 180～300 mm。

架空隔热层混凝土板的强度等级为 C15 不正确。

理由:架空隔热制品中混凝土板的强度等级不应低于 C20,板厚及配筋应符合设计要求。

(2) 架空隔热层隔热效果不佳的原因:风道内有砂浆、混凝土块或砖块等杂物,阻碍了风道内空气顺利流动。

预防措施:

①砌砖支腿时,操作人员应随手将砖墙上挤出的舌头灰刮尽,并用扫帚将砖面清扫干净;

②砖支腿砌完后,在盖隔热板时应先将风道内的杂物清扫干净;

③如风道砌好后长期不进行隔热板铺盖,则应将风道临时覆盖,避免杂物落入风道内。

任务 3 防水与密封工程质量控制与验收

防水层施工前,基层应坚实、平整、干燥和干净。基层处理剂应配比准确,并应搅拌均匀;喷涂或涂刷基层处理剂应均匀一致,待其干燥后应及时进行卷材、涂膜防水层和接缝密封防水施工。防水层完工并经验收合格后,应及时做好成品保护。

一、防水工程

1. 卷材防水层

(1) 屋面坡度大于 25% 时,卷材应采取满粘和钉压固定措施。

(2) 卷材铺贴方向应符合下列规定:

①卷材宜平行屋脊铺贴;

②上下层卷材不得相互垂直铺贴。

(3) 卷材搭接缝应符合下列规定:

①平行屋脊的卷材搭接缝应顺流水方向,卷材搭接宽度应符合表 4-9 规定;

②相邻两幅卷材短边搭接缝应错开,且不得小于 500 mm;

③上下层卷材长边搭接缝应错开,且不得小于幅宽的 1/3。

表 4-9　卷材搭接宽度

卷材类别		搭接宽度/mm
合成高分子防水卷材	胶粘剂	80
	胶粘带	50
	单缝焊	60,有效焊接宽度不小于 25
	双缝焊	80,有效焊接宽度 10×2+空腔宽
高聚物改性沥青防水卷材	胶粘剂	100
	自粘	80

(4)冷粘法铺贴卷材应符合下列规定:

①胶粘剂涂刷应均匀,不应露底,不应堆积;

②应控制胶粘剂涂刷与卷材铺贴的间隔时间;

③卷材下面的空气应排尽,并应辊压粘牢固;

④卷材铺贴应平整顺直,搭接尺寸应准确,不得扭曲、皱折;

⑤接缝口应用密封材料封严,宽度不应小于 10 mm。

(5)热粘法铺贴卷材应符合下列规定:

①熔化热熔型改性沥青胶结料时,宜采用专有导热油炉加热,加热温度不应高于 200 ℃,使用温度不宜低于 180 ℃;

②粘贴卷材的热熔型改性沥青胶结料厚度宜为 1.0~1.5 mm;

③采用热熔型改性沥青胶结料粘贴卷材时,应随刮随铺,并应展平压实。

(6)热熔法铺贴卷材应符合下列规定:

①火焰加热器加热卷材应均匀,不得加热不足或烧穿卷材;

②卷材表面热熔后应立即滚铺,卷材下面的空气应排尽,并应辊压粘贴牢固;

③卷材接缝部位应溢出热熔的改性沥青胶,溢出的改性沥青胶宽度宜为 8 mm;

④铺贴的卷材应平整顺直,搭接尺寸应准确,不得扭曲、皱折;

⑤厚度小于 3 mm 的高聚物改性沥青防水卷材,严禁采用热熔法施工。

(7)自粘法铺贴卷材应符合下列规定:

①铺贴卷材时,应将自粘胶底面的隔离纸全部撕净;

②卷材下面的空气应排尽,并应辊压粘贴牢固;

③铺贴的卷材应平整顺直,搭接尺寸应准确,不得扭曲、皱折;

④接缝口应用密封材料封严,宽度不应小于 10 mm;

⑤低温施工时,接缝部位宜采用热风加热,并应随即粘贴牢固。

(8)焊接法铺贴卷材应符合下列规定:

①焊接前卷材应铺设平整、顺直,搭接尺寸应准确,不得扭曲、皱折;

②卷材焊接缝的接合面应干净、干燥,不得有水滴、油污及附着物;

③焊接时应先焊长边搭接缝,后焊短边搭接缝;

④控制加热温度和时间,焊接缝不得有漏焊、跳焊、焊焦或焊接不牢现象;

⑤焊接时不得损害非焊接部位的卷材。

(9) 机械固定法铺贴卷材应符合下列规定:

①卷材应采用专用固定件进行机械固定;

②固定件应设置在卷材搭接缝内,外露固定件应用卷材封严;

③固定件应垂直钉入结构层有效固定,固定件数量和位置应符合设计要求;

④卷材搭接缝应粘结或焊接牢固,密封应严密;

⑤卷材周边 800 mm 范围内应满粘。

2. 涂膜防水层

(1) 防水涂料应多遍涂布,并应待前一遍涂布的涂料干燥成膜后,再涂布后一遍涂料,且前后两遍涂料的涂布方向应相互垂直。

(2) 铺设胎体增强材料应符合下列规定:

①胎体增强材料宜采用聚酯无纺布或化纤无纺布;

②胎体增强材料长边搭接宽度不应小于 50 mm,短边搭接宽度不应小于 70 mm;

③上下层胎体增强材料的长边搭接缝应错开,且不得小于幅宽的 1/3;

④上下层胎体增强材料不得相互垂直铺设。

(3) 多组分防水涂料应按配合比准确计量,搅拌应均匀,并应根据有效时间确定每次配制的数量。

3. 复合防水层

(1) 卷材与涂料复合使用时,涂膜防水层宜设置在卷材防水层的下面。

(2) 卷材与涂料复合使用时,防水卷材的粘结质量应符合表 4-10 的规定。

表 4-10　防水卷材的粘结质量

项　　目	自粘聚合物改性沥青防水卷材和带自粘层防水卷材	高聚物改性沥青防水卷材胶粘剂	合成高分子防水卷材胶粘剂
粘结剥离强度/(N/10 mm)	≥10 或卷材断裂	≥8 或卷材断裂	≥15 或卷材断裂
剪切状态下的粘合强度/(N/10 mm)	≥20 或卷材断裂	≥20 或卷材断裂	≥20 或卷材断裂
浸水 168 h 后粘结剥离强度保持率/(%)	—	—	≥70

注:防水涂料作为防水卷材粘结材料复合使用时,应符合相应的防水卷材胶粘剂规定。

(3) 复合防水层施工质量应符合卷材防水层和涂膜防水层的相关规定。

防水工程的质量检验标准见表 4-11。

表 4-11　防水工程质量检验标准

项	序	检查项目	检验标准及要求	检查方法	检查数量
主控项目	1	卷材防水层	防水卷材及其配套材料的质量应符合设计要求	检查出厂合格证、质量检验报告和进场检验报告	
			不得有渗漏和积水现象	雨后观察或淋水、蓄水试验	
			卷材防水层在檐口、檐沟、天沟、水落口、泛水、变形缝和伸出屋面管道的防水构造,应符合设计要求	观察检查	
	2	涂膜防水层	防水涂料和胎体增强材料的质量应符合设计要求	检查出厂合格证、质量检验报告和进场检验报告	
			涂膜防水层不得有渗漏和积水现象	雨后观察或淋水、蓄水试验	
			涂膜防水层在檐口、檐沟、天沟、水落口、泛水、变形缝和伸出屋面管道的防水构造,应符合设计要求	观察检查	
			涂膜防水层的平均厚度应符合设计要求,且最小厚度不得小于设计厚度的80%	针测法或取样量测	
	3	复合防水层	复合防水层所用防水材料及其配套材料的质量,应符合设计要求	检查出厂合格证、质量检验报告和进场检验报告	
			复合防水层不得有渗漏和积水现象	雨后观察或淋水、蓄水试验	应按屋面面积每100 m² 抽查一处,每处应为10 m²,且不得少于3处
			复合防水层在天沟、檐沟、檐口、水落口、泛水、变形缝和伸出屋面管道的防水构造,应符合设计要求		
一般项目	1	卷材防水层	卷材搭接缝应粘结或焊接牢固,密封应严密,不得扭曲、皱折和翘边	观察检查	
			卷材防水层的收头应与基层粘结,钉压应牢固,密封应严密		
			卷材防水层的铺贴方向应正确,卷材搭接宽度的允许偏差为—10 mm	观察和尺量检查	
			屋面排汽构造的排汽道应纵横贯通,不得堵塞;排汽管应安装牢固,位置应正确,封闭应严密		
	2	涂膜防水层	涂膜防水层与基层应粘结牢固,表面应平整,涂布应均匀,不得有流淌、皱折、起泡和露胎体等缺陷	观察检查	
			涂膜防水层的收头应用防水涂料多遍涂刷		
			铺贴胎体增强材料应平整顺直,搭接尺寸应准确,应排出气泡,并应与涂料粘结牢固;胎体增强材料搭接宽度的允许偏差为—10 mm	观察和尺量检查	
	3	复合防水层	卷材与涂膜应粘结牢固,不得有空鼓和分层现象	观察检查	
			复合防水层总厚度应符合设计要求	针测法或取样量测	

二、密封防水工程

密封防水部位的基层应符合下列要求:

(1)基层应牢固,表面应平整、密实,不得有裂缝、蜂窝、麻面、起皮和起砂现象;

(2)基层应清洁、干燥,并应无油污、无灰尘;

(3)嵌入的背衬材料与接缝壁间不得留有孔隙;

(4)密封防水部位的基层宜涂刷基层处理剂,涂刷应均匀,不得漏涂。

多组分密封材料应按配合比准确计量,拌合应均匀,并应根据有效时间确定每次配制的数量。密封材料嵌填完成后,在固化前应避免灰尘、破损及污染,且不得踩踏。

接缝密封防水工程的质量检验标准见表 4-12。

表 4-12   接缝密封防水工程质量检验标准

项	序	检查项目	检验标准及要求	检查方法	检查数量
主控项目	1	材料要求	密封材料及其配套材料的质量,应符合设计要求	检查出厂合格证、质量检验报告和进场检验报告	应按屋面面积每50 m抽查一处,每处应为 5 m,且不得少于3处
	2	密封质量	密封材料嵌填应密实、连续、饱满,粘结牢固,不得有气泡、开裂、脱落等缺陷	观察检查	
一般项目	1	基层要求	密封防水部位的基层应符合规定		
	2	嵌填深度	接缝宽度和密封材料的嵌填深度应符合设计要求,接缝宽度的允许偏差为±10%	尺量检查	
	3	表面质量	嵌填的密封材料表面应平滑,缝边应顺直,应无明显不平和周边污染现象	观察检查	

三、防水与密封工程常见质量问题

1.热熔法铺贴卷材时,因操作不当造成卷材起鼓

预防措施:

(1)高聚物改性沥青防水卷材施工时,火焰加热要均匀、充分、适度。在操作时,首先持枪人不能让火焰停留在一个地方的时间过长,而应沿着卷材宽度方向缓缓移动,使卷材横向受热均匀。其次要求加热充分,温度适中。最后要掌握加热程度,以热熔后沥青胶出现黑色光泽(此时沥青温度在 200~230 ℃之间)、发亮并有微泡现象为度。

(2)趁热推滚,排尽空气。卷材被热熔粘贴后,要在卷材尚处于较柔软时,就及时进行滚压。

滚压时间可根据施工环境、气候条件调节掌握。气温高冷却慢,滚压时间宜稍迟;气温低冷却快,滚压宜提早。另外,加热与滚压的操作要配合默契,使卷材与层基面紧密接触,排尽空气,而在铺压时用力又不宜过大,确保粘结牢固。

2. 转角、立面和卷材接缝处粘结不牢

预防措施:

(1)基层必须做到平整、坚实、干净、干燥。

(2)涂刷基层处理剂,并要求做到均匀一致,无空白漏刷现象,但切勿反复涂刷。

(3)屋面转角处应按规定增加卷材附加层,并注意与原设计的卷材防水层相互搭接牢固,以适应不同方向的结构和温度变形。

(4)对于立面铺贴的卷材,应将卷材的收头固定于立墙的凹槽内,并用密封材料嵌填封严。

(5)卷材与卷材之间的搭接缝口,亦应用密封材料封严,宽度不应小于 10 mm。密封材料应在缝口抹平,使其形成明显的沥青条带。

3. 进场密封材料的贮运、保管不当

预防措施:

(1)密封材料的包装容器必须密封,容器表面应有明显标志,标明材料名称、生产厂名、生产日期和产品有效期。

(2)不同品种、规格和等级的密封材料应分开存放。多组分密封材料更应避免组分间相互混淆。

(3)保管环境应干燥、通风、远离火源并不得日晒、雨淋、受潮,避免碰撞并防止渗漏。

(4)贮运和保管的环境温度对水溶型密封材料应高于 5 ℃,对溶剂型密封材料不宜低于 0 ℃,同时不应高出 50 ℃。贮存期控制在各产品的要求范围内。

4. 完成养护的屋面接缝,作嵌缝充填前清理、修整不当

预防措施:

(1)缝边松动、起皮、泛砂予以剔除,缺边掉角修补完整,过窄或堵塞段通过割、凿贯通,使接缝纵横相互贯通、缝侧密实平整、宽窄均匀且满足设计要求。

(2)清除缝内残余物,钢丝刷刷除缝壁和缝顶两侧 80～100 mm 范围的水泥浮浆等杂物,吹扫清洗干净并晾晒或采取相应的干燥措施,使之含水率不大于 10%。

(3)待充填接缝的基层应牢固、无缺损,表面平整、密实,不得有蜂窝、麻面、起皮和起砂现象。

例题 4-3 某公共建筑工程,建筑面积 22 000 m²,地下 2 层,地上 5 层,层高 3.2 m,钢筋混凝土框架结构,大堂一至三层中空,大堂顶板为钢筋混凝土井字梁结构,屋面为女儿墙,屋面防水材料采用 SBS 卷材,某施工总承包单位承担施工任务。

屋面防水层施工时,因工期紧没有搭设安全防护栏杆。工人王某在铺贴卷材后退时不慎从屋面掉下,经医院抢救无效死亡。

屋面进行闭水试验时,发现女儿墙根部漏水,经查,主要原因是转角处卷材开裂,施工总承包单位进行了整改。

问题:

(1)从安全防护措施角度指出发生这一起伤亡事故的直接原因。

(2)项目经理部负责人在事故发生后应该如何处理此事?

(3)按先后顺序说明女儿墙根部漏水质量问题的治理步骤。

答案:

(1)事故直接原因:邻边防护未做好。

(2)事故发生后,项目经理应及时上报,保护现场,做好抢救工作,积极配合调查,认真落实纠正和预防措施,并认真吸取教训。

(3)刚性防水层与女儿墙交接处,应留 30 mm 缝隙并用密封材料嵌填;泛水处应铺设卷材或涂膜附加层;铺贴女儿墙泛水檐口 800 mm 范围内采取满粘法。

任务 4 细部构造工程质量控制与验收

细部构造所使用卷材、涂料和密封材料的质量应符合设计要求,两种材料之间应具有相容性。屋面细部构造热桥部位的保温处理,应符合设计要求。

一、细部构造质量检验标准

细部构造工程的质量检验标准见表 4-13。

二、细部构造工程施工常见质量问题

1. 水落口处有渗漏现象,水落口排水不畅通、有积水

预防措施:

(1)施工前应调整水落口管垂直度,固定雨水管后才进行防水油膏嵌缝施工。

(2)结构施工完成后,水落口汇水区直径范围水泥砂浆面层应进行表面压光处理,在找平层到面层保护层施工过程进行递减厚度,保证面层的排水坡度。

2. 女儿墙在变形缝处没有断开,影响变形功能

预防措施:

(1)严格按照设计图纸施工;

(2)将女儿墙变形缝内灰浆杂物清理干净;

（3）变形缝内填充聚苯乙烯泡沫塑料，上部填放衬垫材料，并用卷材封盖；

（4）金属板材盖板用射钉或螺栓固定牢固，两边铺设钢板网；

（5）采用平板盖板时单边固定，一边活动。

表 4-13　细部构造工程质量检验标准

项目	序	检查项目	检验标准及要求	检查方法	检查数量
主控项目	1	檐口	檐口的防水构造应符合设计要求	观察检查	全数检查
			檐口的排水坡度应符合设计要求；檐口部位不得有渗漏和积水现象	坡度尺检查和雨后观察或淋水试验	
	2	檐沟和天沟	防水构造应符合设计要求	观察检查	
			排水坡度应符合设计要求；沟内不得有渗漏和积水现象	坡度尺检查和雨后观察或淋水、蓄水试验	
	3	女儿墙和山墙	防水构造应符合设计要求	观察检查	
			压顶向内排水坡度不应小于 5%，压顶内侧下端应做成鹰嘴或滴水槽	观察和坡度尺检查	
			根部不得有渗漏和积水现象	雨后观察或淋水试验	
	4	水落口	防水构造应符合设计要求	观察检查	
			水落口杯上口应设在沟底最低处；水落口处不得有渗漏和积水现象	雨后观察或淋水、蓄水试验	
	5	变形缝	防水构造应符合设计要求	观察检查	
			变形缝处不得有渗漏和积水现象	雨后观察或淋水试验	
	6	伸出屋面管道	防水构造应符合设计要求	同变形缝	
			伸出屋面管根部不得有渗漏和积水现象		
	7	屋面出入口	防水构造应符合设计要求	同变形缝	
			屋面出入口处不得有渗漏和积水现象		
	8	反梁过水孔	防水构造应符合设计要求	同变形缝	
			反梁过水孔处不得有渗漏和积水现象		
	9	设施基座	防水构造应符合设计要求	同变形缝	
			设施基座处不得有渗漏和积水现象		
	10	屋脊	防水构造应符合设计要求	同变形缝	
			屋脊处不得有渗漏现象		
	11	屋顶窗	防水构造应符合设计要求	同变形缝	
			屋顶窗及其周围不得有渗漏现象		

项	序	检查项目	检验标准及要求	检查方法	检查数量
一般项目	1	檐口	檐口800 mm范围内的卷材应满粘	观察检查	全数检查
			卷材收头应在找平层的凹槽内用金属压条钉压固定,并应用密封材料封严		
			涂膜收头应用防水涂料多遍涂刷		
			檐口端部应抹聚合物水泥砂浆,其下端应做成鹰嘴和滴水槽		
	2	檐沟和天沟	檐沟、天沟附加层铺设应符合设计要求	观察和尺量检查	
			檐沟防水层应由沟底翻上至外侧顶部,卷材收头应用金属压条钉压固定,并应用密封材料封严;涂膜收头应用防水涂料多遍涂刷	观察检查	
			檐沟外侧顶部及侧面均应抹聚合物水泥砂浆,其下端应做成鹰嘴或滴水槽		
	3	女儿墙和山墙	泛水高度及附加层铺设应符合设计要求	观察和尺量检查	
			卷材应满粘,卷材收头应用金属压条钉压固定,并应用密封材料封严	观察检查	
			涂膜应直接涂刷至压顶下,涂膜收头应用防水涂料多遍涂刷		
	4	水落口	水落口的数量和位置应符合设计要求;水落口杯应安装牢固	观察和手扳检查	
			水落口周围直径500 mm范围内坡度不应小于5%,水落口周围的附加层铺设应符合设计要求	观察和尺量检查	
			防水层及附加层伸入水落口杯内不应小于50 mm,并应粘结牢固		
	5	变形缝	泛水高度和附加层铺设应符合设计要求	观察检查	
			防水层应铺贴或涂刷至泛水墙顶部		
			等高变形缝顶部宜加扣混凝土或金属盖板。混凝土盖板的接缝应用密封材料封严;金属盖板应铺钉牢固,搭接缝应顺流水方向,并应做好防锈处理		
			高低跨变形缝在高跨墙面上的防水卷材封盖和金属盖板,应用金属压条钉压固定,并应用密封材料封严		
	6	伸出屋面管道	泛水高度和附加层铺设,应符合设计要求	观察和尺量检查	
			周围的找平层应抹出高度不小于30 mm的排水坡		
			卷材防水层收头应用金属箍固定,并应用密封材料封严;涂膜防水层收头应用防水涂料多遍涂刷		
	7	屋面出入口	屋面垂直出入口防水层收头应压在压顶圈下,附加层铺设应符合设计要求	观察检查	
			屋面水平出入口防水层收头应压在混凝土踏步下,附加层铺设和护墙应符合设计要求		
			屋面出入口的泛水高度不应小于250 mm	观察和尺量检查	
	8	反梁过水孔	反梁过水孔的孔底标高、孔洞尺寸或预埋管管径,均应符合设计要求	尺量检查	
			反梁过水孔的孔洞四周应涂刷防水涂料;预埋管道两端周围与混凝土接触处应留凹槽,并应用密封材料封严	观察检查	
	9	设施基座	设施基座与结构层相连时,防水层应包裹设施基座的上部,并应在地脚螺栓周围做密封处理	观察检查	
			设施基座直接放置在防水层上时,设施基座下部应增设附加层,必要时应在其上浇筑细石混凝土,其厚度不应小于50 mm		
			需经常维护的设施基座周围和屋面出入口至设施之间的人行道,应铺设块体材料或细石混凝土保护层		
	10	屋脊	平脊和斜脊铺设应顺直,应无起伏现象	观察和手扳检查	
			脊瓦应搭盖正确,间距应均匀,封固严密		
	11	屋顶窗	屋顶窗用金属排水板、窗框固定铁脚应与屋面连接牢固	观察检查	
			屋顶窗用窗口防水卷材应铺贴平整,粘结应牢固		

例题 4-4　某公共建筑工程,建筑面积 22 000 m²,地下 2 层,地上 5 层,层高 3.2 m,钢筋混凝土框架结构,大堂一至三层中空,大堂顶板为钢筋混凝土井字梁结构,屋面为女儿墙,屋面防水材料采用 SBS 卷材,某施工总承包单位承担施工任务。

施工单位对屋面细部构造工程拟定了质量检验方案,包括检验内容和检查数量等。

问题:

(1)屋面细部构造工程包括哪些检验内容?

(2)屋面细部构造工程各分项工程每个检验批检验数量为多少?

答案:

(1)包括檐口、檐沟和天沟、女儿墙和山墙、水落口、变形缝、伸出屋面管道、屋面出入口、反梁过水孔、设施基座、屋脊、屋顶窗等 11 部分内容。

(2)细部构造工程各分项工程每个检验批应全数进行检验。

项目小结

本章主要介绍了基层与保护工程质量控制与验收、保温与隔热工程质量控制与验收、防水与密封工程质量控制与验收及细部构造工程质量控制与验收四大部分内容。

基层与保护工程质量控制与验收包括基层工程质量控制与验收和保护工程质量控制与验收。

保温与隔热工程质量控制与验收包括保温工程质量控制与验收和隔热工程质量控制与验收。

防水与密封工程质量控制与验收包括屋面防水工程质量控制与验收和接缝密封工程质量控制与验收。

细部构造工程质量控制与验收包括檐口、檐沟和天沟、女儿墙和山墙、水落口、变形缝、伸出屋面管道、屋面出入口、反梁过水孔、设施基座、屋脊和屋顶窗的质量控制与验收。

 习题

一、单项选择题

1.找平层分格缝纵横间距不宜大于(　　)m,分格缝的宽度宜为 5～20 mm。

A.3　　　　　　　　B.4　　　　　　　　C.5　　　　　　　　D.6

2.隔汽层采用卷材时宜空铺,卷材搭接缝应(　　),其搭接宽度不应小于 80 mm。

A.满粘　　　　　　B.点粘　　　　　　C.条粘　　　　　　D.空铺

3.隔汽层应设置在(　　)与保温层之间,隔汽层应选用气密性、水密性好的材料。

A.结构层　　　　　B.构造层　　　　　C.防水层　　　　　D.主体基础

4.硬泡聚氨酯喷涂后(　　)min 内严禁上人,喷涂硬泡聚氨酯保温层完成后,应及时做保护层。

A.5　　　　　　　　B.8　　　　　　　　C.15　　　　　　　D.20

5. 卷材防水层施工时,相邻两幅卷材短边搭接缝应错开,且不得小于(　　)mm。

A. 50　　　　　　　　B. 150　　　　　　　　C. 200　　　　　　　　D. 500

6. 热熔法铺贴卷材时,厚度小于(　　)mm 的高聚物改性沥青防水卷材,严禁采用热熔法施工。

A. 3　　　　　　　　B. 4　　　　　　　　C. 5　　　　　　　　D. 6

7. 卷材与涂料复合使用时,涂膜防水层宜设置在卷材防水层的(　　)。

A. 上面　　　　　　　B. 下面　　　　　　　C. 上面或下面　　　　D. 无要求

8. 接缝密封防水工程的表面质量检查方法为(　　)。

A. 尺量检查　　　　　B. 观察检查　　　　　C. 设备检查　　　　　D. 直尺检查

9. 屋面出入口的泛水高度不应小于(　　)mm。

A. 150　　　　　　　　B. 250　　　　　　　　C. 400　　　　　　　　D. 500

10. 屋面工程中找平层宜采用水泥砂浆或细石混凝土;找平层的抹平工序应在(　　)完成,压光工序应在终凝前完成,终凝后应进行养护。

A. 初凝前　　　　　　B. 终凝前　　　　　　C. 初凝后　　　　　　D. 终凝后

二、思考题

1. 简述板状材料保温层的质量控制点。

2. 简述防水卷材搭接缝的规定。

3. 简述热熔法铺贴卷材的规定。

三、案例题

案例一:

某市新建一大型文化广场,新建主体建筑总面积 65 000 m²,地下 5 层,地上 3 层,结构形式为钢筋混凝土框架剪力墙结构和钢结构屋架。地下工程防水等级为一级,屋面防水年限为 25 年,建筑耐火等级为一级。地下室室外顶板大部分区域均种植绿化,其防水采用三道设防,具体做法如下:

(1) 回填土(种植土);

(2) 土工植物一层(带根系隔离层);

(3) 25 mm 厚疏水板,外伸出地下室外墙 300 mm 外;

(4) 2 mm 厚合成高分子防水涂膜两道,下伸至地下室侧墙施工缝 300 mm 以下,用密封膏封严;

(5) 20 mm 厚聚合物防水砂浆。

问题:

1. 试述钢筋混凝土框架剪力墙结构的优点和钢结构屋架吊装程序。

2. 本地下工程防水按哪一质量验收规范进行施工?本屋面防水工程等级为几级?为确保屋面防水工程质量,应严格根据哪一质量验收规范进行施工?

3. 本工程地下室室外顶板绿化种植土厚度至少为多少米?土工植物地基有什么作用?

案例二:

某市科技大学新建一座现代化的智能教学楼,框架剪力墙结构,地下 2 层,地上 18 层,建筑面积 24 500 m²,某建筑公司施工总承包,工程于 2006 年 3 月开工建设。

地下防水采用卷材防水和防水混凝土两种防水结合。施工时,施工队在防水混凝土终凝后立即进行养护,养护 7 d 后,开始卷材防水施工。卷材防水采用外防外贴法。先铺立面,后铺平面。

屋面采用高聚物改性沥青防水卷材,屋面施工完毕后持续淋水 1 h 后进行检查,并进行了蓄水检验,蓄水时间 12 h。工程于 2007 年 8 月 28 日竣工验收。在使用至第 3 年发现屋面有渗漏,学校要求原施工单位进行维修处理。

问题:

1.屋面渗漏淋水试验和蓄水检查是否符合施工要求? 请简要说明。

2.学校要求原施工单位进行维修处理是否合理? 为什么?

3.地下防水工程施工时哪些工作不合理? 应该如何正确操作?

4.该教学楼屋面防水工程造成渗漏的质量问题可能有哪些?

学习情境 5

建筑装饰装修工程质量控制与验收

教学目标

知识目标

1. 了解建筑装饰装修工程施工质量控制要点。

2. 熟悉建筑装饰装修工程施工常见质量问题及预防措施。

3. 掌握建筑装饰装修工程验收标准、验收内容和验收方法。

能力目标

1. 能对建筑装饰装修工程进行质量验收和评定。

2. 能对建筑装饰装修工程常见质量问题进行预控。

任务 1 建筑地面工程质量控制与验收

建筑地面工程采用的大理石、花岗石、料石等天然石材以及砖、预制板块、地毯、人造板材、胶粘剂、涂料、水泥、砂、石、外加剂等材料或产品应符合国家现行有关室内环境污染控制和放射性、有害物质限量的规定,材料进场时应具有检测报告。

建筑地面工程施工时,各层环境温度的控制应符合材料或产品的技术要求,并应符合下列规定:采用掺有水泥、石灰的拌合料铺设以及用石油沥青胶结料铺贴时,不应低于 5 ℃;采用有机胶粘剂粘贴时,不应低于 10 ℃;采用砂、石材料铺设时,不应低于 0 ℃;采用自流平、涂料铺设时,不应低于 5 ℃,也不应高于 30 ℃。

各类面层的铺设宜在室内装饰工程基本完工后进行。木、竹面层及塑料板面层、活动地板面层、地毯面层的铺设,应待抹灰工程、管道试压等完工后进行。

建筑地面工程的分项工程施工质量检验的主控项目,应达到规范规定的质量标准,认定为合格;一般项目80%以上的检查点(处)符合规范规定的质量要求,其他检查点(处)不得有明显影响使用,且最大偏差值不超过允许偏差值的50%为合格。

一、基层铺设工程

基层的标高、坡度、厚度等应符合设计要求。基层表面应平整,其允许偏差和检验方法应符合表 5-1 的规定。

1. 基土

(1)地面应铺设在均匀密实的基土上。土层结构被扰动的基土应进行换填,并予以压实,压实系数应符合设计要求。

(2)对软弱土层应按设计要求进行处理。

(3)填土应分层摊铺、分层压(夯)实、分层检验其密实度。

(4)填土时应为最优含水量。重要工程或大面积的地面填土前,应取土样,按击实试验确定最优含水量与相应的最大干密度。

2. 灰土垫层

(1)灰土垫层应采用熟化石灰与黏土(或粉质黏土、粉土)的拌合料铺设,其厚度不应小于100 mm。

(2)熟化石灰粉可采用磨细生石灰,亦可用粉煤灰代替。

(3)灰土垫层应铺设在不受地下水浸泡的基土上。施工后应有防止水浸泡的措施。

(4)灰土垫层应分层夯实,经湿润养护、晾干后方可进行下一道工序施工。

表5-1　基层表面的允许偏差和检验方法

项次	项目	允许偏差/mm													检验方法
		基土	垫层		垫层地板		找平层			填充层			隔离层	绝热层	
		土（砂、砂石、碎石、碎砖）	灰土、二合土、四合土、炉渣、水泥混凝土、陶粒混凝土	木搁栅	拼花实木地板、拼花实木复合地板、软木类地板面层	其他种类面层	用胶结料做结合层铺设板块面层	用水泥浆做结合层铺设板块面层	用胶粘剂做结合层铺设拼花木板、浸渍纸层压木质地板、实木复合地板、竹地板、软木类地板面层	金属板面层	板、块材料	松散材料	防水、防潮、防油渗	板块材料、浇筑材料、喷涂材料	
1	表面平整度	15	10	3	3	5	3	5	2	3	5	7	3	4	用2 m靠尺和楔形塞尺检查
2	标高	0 −50	±20	±5	±5	±8	±5	±8	±4	±4	±4	±4	±4	±4	用水准仪检查
3	坡度	不大于房间相应尺寸的2/1000，且不大于30													用坡度尺检查
4	厚度	在个别地方不大于设计厚度的1/10，且不大于20													用钢尺检查

3. 砂垫层和砂石垫层

(1) 砂垫层厚度不应小于 60 mm;砂石垫层厚度不应小于 100 mm。

(2) 砂石应选用天然级配材料。铺设时不应有粗细颗粒分离现象,压(夯)至不松动为止。

4. 找平层

(1) 找平层宜采用水泥砂浆或水泥混凝土铺设。当找平层厚度小于 30 mm 时,宜用水泥砂浆做找平层;当找平层厚度不小于 30 mm 时,宜用细石混凝土做找平层。

(2) 找平层铺设前,当其下一层有松散填充料时,应予铺平振实。

(3) 有防水要求的建筑地面工程,铺设前必须对立管、套管和地漏与楼板节点之间进行密封处理,并应进行隐蔽验收;排水坡度应符合设计要求。

(4) 在预制钢筋混凝土板上铺设找平层时,其板端应按设计要求做防裂的构造措施。

5. 隔离层

(1) 隔离层材料的防水、防油渗性能应符合设计要求。

(2) 在水泥类找平层上铺设卷材类、涂料类防水、防油渗隔离层时,其表面应坚固、洁净、干燥。铺设前,应涂刷基层处理剂。基层处理剂应采用与卷材性能相容的配套材料或采用与涂料性能相容的同类涂料的底子油。

(3) 当采用掺有防渗外加剂的水泥类隔离层时,其配合比、强度等级、外加剂的复合掺量应符合设计要求。

(4) 铺设隔离层时,在管道穿过楼板面四周,防水、防油渗材料应向上铺涂,并超过套管的上口;在靠近柱、墙处,应高出面层 200～300 mm 或按设计要求的高度铺涂。阴阳角和管道穿过楼板面的根部应增加铺涂附加防水、防油渗隔离层。

(5) 防水隔离层铺设后,应进行蓄水检验,并做记录。

6. 填充层

(1) 填充层材料的密度和导热系数应符合设计要求。

(2) 填充层的下一层表面应平整。当为水泥类时,尚应洁净、干燥,并不得有空鼓、裂缝和起砂等缺陷。

(3) 采用松散材料铺设填充层时,应分层铺平拍实;采用板、块状材料铺设填充层时,应分层错缝铺贴。

7. 绝热层

(1) 绝热层材料的性能、品种、厚度、构造做法应符合设计要求和国家现行有关标准的规定。

(2) 建筑物室内接触基土的首层地面应增设水泥混凝土垫层后方可铺设绝热层,垫层的厚度及强度等级应符合设计要求。首层地面及楼层楼板铺设绝热层前,表面平整度宜控制在 3 mm 以内。

(3) 有防水、防潮要求的地面,宜在防水、防潮隔离层施工完毕并验收合格后再铺设绝热层。

(4) 穿越地面进入非采暖保温区域的金属管道应采取隔断热桥的措施。

（5）绝热层与地面面层之间应设有水泥混凝土结合层，构造做法及强度等级应符合设计要求。设计无要求时，水泥混凝土结合层的厚度不应小于 30 mm，层内应设置间距不大于 200 mm ×200 mm 的 ϕ6 mm 钢筋网片。

基层铺设工程的质量检验标准见表 5-2。

表 5-2　基层铺设工程质量检验标准

项	序	项目	检验标准及要求	检验方法	检查数量
主控项目	1	基土	基土不应用淤泥、腐殖土、冻土、耕植土、膨胀土和建筑杂物作为填土，填土土块的粒径不应大于 50 mm	观察检查和检查土质记录	符合注 1 要求
			基土应均匀密实，压实系数应符合设计要求，设计无要求时，不应小于 0.9	观察检查和检查试验记录	
			Ⅰ类建筑基土的氡浓度应符合现行国家标准《民用建筑工程室内环境污染控制规范》（GB 50325）的规定	检查检测报告	同一工程、同一土源地点检查一组
	2	灰土垫层	灰土体积比应符合设计要求	观察检查和检查配合比试验报告	同一工程、同一体积比检查一项
	3	砂垫层和砂石垫层	砂和砂石不应含有草根等有机杂质；砂应采用中砂；石子最大粒径不应大于垫层厚度的 2/3	观察检查和检查质量合格证明文件	符合注 1 要求
			砂垫层和砂石垫层的干密度（或贯入度）应符合设计要求	观察检查和检查试验记录	
	4	找平层	找平层采用碎石或卵石的粒径不应大于其厚度的 2/3，含泥量不应大于 2%；砂为中粗砂，其含泥量不应大于 3%	观察检查和检查质量合格证明文件	同一工程、同一强度等级、同一配合比检查一次
			水泥砂浆体积比、水泥混凝土强度等级应符合设计要求，且水泥砂浆体积比不应小于 1∶3（或相应强度等级）；水泥混凝土强度等级不应小于 C15	观察检查和检查配合比试验报告、强度等级检测报告	符合注 2 要求
			有防水要求的建筑地面工程的立管、套管、地漏处不应渗漏，坡向应正确、无积水	观察检查和蓄水、泼水检验及坡度尺检查	符合注 1 要求
			在有防静电要求的整体面层的找平层施工前，其下敷设的导电地网系统应与接地引下线和地下接电体有可靠连接，经电性能检测且符合相关要求后进行隐蔽工程验收	观察检查和检查质量合格证明文件	

续表

项	序	项 目	检验标准及要求	检验方法	检查数量
主控项目	5	隔离层	隔离层材料应符合设计要求和国家现行有关标准的规定	观察检查和检查型式检验报告、出厂检验报告、出厂合格证	同一工程、同一材料、同一生产厂家、同一型号、同一规格、同一批号检查一次
			卷材类、涂料类隔离层材料进入施工现场,应对材料的主要物理性能指标进行复验	检查复验报告	执行现行国家标准《屋面工程质量验收规范》(GB 50207)的有关规定
			厨浴间和有防水要求的建筑地面必须设置防水隔离层。楼层结构必须采用现浇混凝土或整块预制混凝土板,混凝土强度等级不应小于C20;房间的楼板四周除门洞外应做混凝土翻边,高度不应小于200 mm,宽同墙厚,混凝土强度等级不应小于C20。施工时结构层标高和预留孔洞位置应准确,严禁乱凿洞	观察和钢尺检查	符合注1要求
			水泥类防水隔离层的防水等级和强度等级应符合设计要求	观察检查和检查防水等级检测报告、强度等级检测报告	符合注2要求
			防水隔离层严禁渗漏,排水的坡向应正确、排水通畅	观察检查和蓄水、泼水检验,坡度尺检查及检查验收记录	符合注1要求
	6	填充层	填充层材料应符合设计要求和国家现行有关标准的规定	观察检查和检查质量合格证明文件	同一工程、同一材料、同一生产厂家、同一型号、同一规格、同一批号检查一次
			填充层的厚度、配合比应符合设计要求	用钢尺检查和检查配合比试验报告	符合注1要求
			对填充材料接缝有密闭要求的应密封良好	观察检查	
	7	绝热层	绝热层材料应符合设计要求和国家现行有关标准的规定	观察检查和检查型式检验报告、出厂检验报告、出厂合格证	同一工程、同一材料、同一生产厂家、同一型号、同一规格、同一批号检查一次
			绝热层材料进入施工现场时,应对材料的导热系数、表观密度、抗压强度或压缩强度、阻燃性进行复验	检查复验报告	
			绝热层的板块材料应采用无缝铺贴法铺设,表面应平整	观察检查、楔形塞尺检查	符合注1要求

项	序	项　目	检验标准及要求	检验方法	检查数量
一般项目	1	基土	基土表面的允许偏差应符合表5-1的规定	见表5-1	符合注1要求
	2	灰土垫层	熟化石灰颗粒粒径不应大于5 mm；黏土（或粉质黏土、粉土）内不得含有有机物质，颗粒粒径不应大于16 mm	观察检查和检查质量合格证明文件	
			灰土垫层表面的允许偏差应符合表5-1的规定	见表5-1	
	3	砂垫层和砂石垫层	表面不应有砂窝、石堆等现象	观察检查	
			砂垫层和砂石垫层表面的允许偏差应符合表5-1的规定	见表5-1	
	4	找平层	找平层与其下一层结合应牢固，不应有空鼓	用小锤轻击检查	
			找平层表面应密实，不应有起砂、蜂窝和裂缝等缺陷	观察检查	
			找平层表面的允许偏差应符合表5-1的规定	见表5-1	
	5	隔离层	隔离层厚度应符合设计要求	观察检查和用钢尺、卡尺检查	
			隔离层与其下一层应粘结牢固，不应有空鼓；防水涂层应平整、均匀，无脱皮、起壳、裂缝、鼓泡等缺陷	用小锤轻击检查和观察检查	
			隔离层表面的允许偏差应符合表5-1的规定	见表5-1	
	6	填充层	松散材料填充层铺设应密实；板块状材料填充层应压实、无翘曲	观察检查	
			填充层的坡度应符合设计要求，不应有倒泛水和积水现象	观察和采用泼水或用坡度尺检查	
			填充层表面的允许偏差应符合表5-1的规定	见表5-1	
			用作隔声的填充层，其表面的允许偏差应符合表5-1中"隔离层"的规定	按表5-1中"隔离层"的检验方法检验	
	7	绝热层	绝热层的厚度应符合设计要求，不应出现负偏差，表面应平整	直尺或钢尺检查	
			绝热层表面应无开裂	观察检查	
			绝热层与地面面层之间的水泥混凝土结合层或水泥砂浆找平层，表面应平整，允许偏差应符合表5-1中"找平层"的规定	按表5-1中"找平层"的检验方法检验	

注:1. 每检验批应以各子分部工程的基层(各构造层)和各类面层所划分的分项工程按自然间(或标准间)检验,抽查数量,随机检验不应少于3间;不足3间,应全数检查;其中走廊(过道)应以10延长米为1间,工业厂房(按单跨计)、礼堂、门厅应以两个轴线为1间计算;有防水要求的建筑地面子分部工程的分项工程施工质量每检验批抽查数量应按其房间总数,随机检验不应少于4间,不足4间,应全数检查。

2. 强度等级检测报告按检验同一施工批次、同一配合比水泥混凝土和水泥砂浆强度的试块,应按每一层(或检验批)建筑地面工程不少于1组。当每一层(或检验批)建筑地面工程面积大于1000 m² 时,每增加1000 m² 应增做1组试块;小于1000 m² 按1000 m² 计算,取样1组;检验同一施工批次、同一配合比的散水、明沟、踏步、台阶、坡度的水泥混凝土、水泥砂浆强度的试块,应按每150延长米不少于1组。

二、整体面层铺设工程

铺设整体面层时,水泥类基层的抗压强度不得小于1.2 MPa;表面应粗糙、洁净、湿润并不得有积水。铺设前宜凿毛或涂刷界面剂。整体面层施工后,养护时间不应少于7 d;抗压强度应达到5 MPa后方准上人行走;抗压强度应达到设计要求后,方可正常使用。

当采用掺有水泥拌合料做踢脚线时,不得用石灰混合砂浆打底。水泥类整体面层的抹平工作应在水泥初凝前完成,压光工作应在水泥终凝前完成。

整体面层的允许偏差和检验方法应符合表5-3的规定。

表5-3 整体面层的允许偏差和检验方法

项次	项　目	允许偏差/mm				检验方法
		水泥混凝土面层	水泥砂浆面层	普通水磨石面层	高级水磨石面层	
1	表面平整度	5	4	3	2	用2 m靠尺和楔形塞尺检查
2	踢脚线上口平直	4	4	3	3	拉5 m线和用钢尺检查
3	缝格顺直	3	3	3	2	

水泥混凝土面层厚度应符合设计要求,水泥混凝土面层铺设不得留施工缝。当施工间隙超过允许时间规定时,应对接槎处进行处理。

水泥砂浆面层的厚度应符合设计要求,且不应小于20 mm。基层应清理干净,表面应粗糙、湿润并不得有积水。

水磨石面层应采用水泥与石粒拌合料铺设,有防静电要求时,拌合料内应按设计要求掺入导电材料。面层厚度除有特殊要求外,宜为12~18 mm,且宜按石粒粒径确定。水磨石面层的颜色和图案应符合设计要求。水磨石面层的结合层采用水泥砂浆时,强度等级应符合设计要求且不应小于M10,稠度宜为30~35 mm。普通水磨石面层磨光遍数不应少于3遍。高级水磨石面层的厚度和磨光遍数应由设计确定。

整体面层铺设工程的质量检验标准见表5-4。

表 5-4　整体面层铺设工程质量检验标准

项	序	项目	检验标准及要求	检验方法	检查数量
主控项目	1	水泥混凝土面层	水泥混凝土采用的粗骨料,最大粒径不应大于面层厚度的2/3,细石混凝土面层采用的石子粒径不应大于16 mm	观察检查和检查质量合格证明文件	同一工程、同一强度等级、同一配合比检查一次
			防水水泥混凝土中掺入的外加剂的技术性能应符合国家现行有关标准的规定,外加剂的品种和掺量应经试验确定	检查外加剂合格证明文件和配合比试验报告	同一工程、同一品种、同一掺量检查一次
			面层的强度等级应符合设计要求,且强度等级不应小于 C20	检查配合比试验报告和强度等级检测报告	符合表 5-2 注 2 的要求
			面层与下一层应结合牢固,且应无空鼓和开裂。当出现空鼓时,空鼓面积不应大于 400 cm²,且每自然间或标准间不应多于 2 处	观察和用小锤轻击检查	符合表 5-2 注 1 的要求
	2	水泥砂浆面层	水泥宜采用硅酸盐水泥、普通硅酸盐水泥,不同品种、不同强度等级的水泥不应混用;砂应为中粗砂,当采用石屑时,其粒径应为 1~5 mm,且含泥量不应大于 3%;防水水泥砂浆采用的砂或石屑,其含泥量不应大于 1%	观察检查和检查质量合格证明文件	同一工程、同一强度等级、同一配合比检查一次
			防水水泥砂浆中掺入的外加剂的技术性能应符合国家现行有关标准的规定,外加剂的品种和掺量应经试验确定	观察检查和检查质量合格证明文件、配合比试验报告	同一工程、同一强度等级、同一配合比、同一外加剂品牌、同一掺量检查一次
			水泥砂浆的体积比(强度等级)应符合设计要求,且体积比应为 1:2,强度等级不应小于 M15	检查强度等级检测报告	符合表 5-2 注 2 的要求
			有排水要求的水泥砂浆地面,坡向应正确、排水通畅;防水水泥砂浆面层不应渗漏	观察检查和蓄水、泼水检验或坡度尺检查及检查检验记录	符合表 5-2 注 1 的要求
			面层与下一层应结合牢固,且应无空鼓和开裂。当出现空鼓时,空鼓面积不应大于 400 cm²,且每自然间或标准间不应多于 2 处	观察和用小锤轻击检查	
	3	水磨石面层	水磨石面层的石粒应采用白云石、大理石等岩石加工而成,石粒应洁净无杂物,其粒径除特殊要求外应为 6~16 mm;颜料应采用耐光、耐碱的矿物原料,不得使用酸性颜料	观察检查和检查质量合格证明文件	同一工程、同一体积比检查一次
			水磨石面层拌合料的体积比应符合设计要求,且水泥与石粒的比例应为 1:1.5~1:2.5	检查配合比试验报告	
			防静电水磨石面层应在施工前及施工完成表面干燥后进行接地电阻和表面电阻测试,并应做好记录	检查施工记录和检测报告	符合表 5-2 注 1 的要求
			面层与下一层应结合牢固,且应无空鼓和开裂。当出现空鼓时,空鼓面积不应大于 400 cm²,且每自然间或标准间不应多于 2 处	观察和用小锤轻击检查	

124

续表

项	序	项 目	检验标准及要求	检验方法	检查数量
一般项目	1	水泥混凝土面层	面层表面应洁净,不应有裂纹、脱皮、麻面、起砂等缺陷	观察检查	符合表5-2注1的要求
			面层表面的坡度应符合设计要求,不应有倒泛水和积水现象		
			踢脚线与柱、墙面应紧密结合,踢脚线高度和出柱、墙厚度应符合设计要求且均匀一致。当出现空鼓时,局部空鼓长度不应大于300 mm,且每自然间或标准间不应多于2处	用小锤轻击、钢尺和观察检查	
			楼梯、台阶踏步的宽度、高度应符合设计要求。楼层梯段相邻踏步高度差不应大于10 mm;每踏步两端宽度差不应大于10 mm,旋转楼梯梯段每踏步两端宽度允许偏差不应大于5 mm。踏步面层应做防滑处理,齿角应整齐,防滑条应顺直牢固	观察和用钢尺检查	
			水泥混凝土面层的允许偏差应符合表5-3的规定	见表5-3	
	2	水泥砂浆面层	面层表面的坡度应符合设计要求,不应有倒泛水和积水现象	观察和采用泼水或坡度尺检查	
			面层表面应洁净,不应有裂纹、脱皮、麻面、起砂等现象	观察检查	
			踢脚线与柱、墙面应紧密结合,踢脚线高度和出柱、墙厚度应符合设计要求且均匀一致。当出现空鼓时,局部空鼓长度不应大于300 mm,且每自然间或标准间不应多于2处	用小锤轻击、钢尺和观察检查	
			楼梯、台阶踏步的宽度、高度应符合设计要求。楼层梯段相邻踏步高度差不应大于10 mm;每踏步两端宽度差不应大于10 mm,旋转楼梯梯段每踏步两端宽度允许偏差不应大于5 mm。踏步面层应做防滑处理,齿角应整齐,防滑条应顺直牢固	观察和用钢尺检查	
			水泥砂浆面层的允许偏差应符合表5-3的规定	见表5-3	
	3	水磨石面层	面层表面应光滑,且应无裂纹、砂眼和磨痕;石粒应密实,显露应均匀;颜色图案应一致,不混色;分格条应牢固、顺直和清晰	观察检查	
			踢脚线与柱、墙面应紧密结合,踢脚线高度和出柱、墙厚度应符合设计要求且均匀一致。当出现空鼓时,局部空鼓长度不应大于300 mm,且每自然间或标准间不应多于2处	用小锤轻击、钢尺和观察检查	
			楼梯、台阶踏步的宽度、高度应符合设计要求。楼层梯段相邻踏步高度差不应大于10 mm;每踏步两端宽度差不应大于10 mm,旋转楼梯梯段每踏步两端宽度允许偏差不应大于5 mm。踏步面层应做防滑处理,齿角应整齐,防滑条应顺直牢固	观察和用钢尺检查	
			水磨石面层的允许偏差应符合表5-3的规定	见表5-3	

三、板块面层铺设工程

铺设板块面层时,水泥类基层的抗压强度不得小于1.2 MPa。

铺设水泥混凝土板块、水磨石板块、人造石板块、陶瓷锦砖、陶瓷地砖、缸砖、水泥花砖、料石、大理石、花岗石等面层的结合层和填缝材料采用水泥砂浆时,在面层铺设后,表面应覆盖、湿润,养护时间不应少于7 d。当板块面层的水泥砂浆结合层的抗压强度达到设计要求后,方可正常使用。

大面积板块面层的伸、缩缝及分格缝应符合设计要求。板块类踢脚线施工时,不得采用混合砂浆打底。

板块面层的允许偏差和检验方法应符合表5-5的规定。

表5-5 板块面层的允许偏差和检验方法

项次	项目	允许偏差/mm											检验方法
		陶瓷锦砖面层、高级水磨石板、陶瓷地砖面层	缸砖面层	水泥花砖面层	水磨石板块面层	大理石面层、花岗石面层、人造石面层、金属板面层	塑料板面层	水泥混凝土板块面层	碎拼大理石、碎拼花岗石面层	活动地板面层	条石面层	块石面层	
1	表面平整度	2.0	4.0	3.0	3.0	1.0	2.0	4.0	3.0	2.0	10	10	用2 m靠尺和楔形塞尺检查
2	缝格平直	3.0	3.0	3.0	3.0	2.0	3.0	3.0	—	2.5	8.0	8.0	拉5 m线和用钢尺检查
3	接缝高低差	0.5	1.5	0.5	1	0.5	0.5	1.5	—	0.4	2	—	用钢尺和楔形塞尺检查
4	踢脚线上口平直	3.0	4.0	—	4.0	1.0	2.0	4.0	1.0	—	—	—	拉5 m线和用钢尺检查
5	板块间隙宽度	2.0	2.0	2.0	2.0	1.0	—	6.0	—	0.3	5.0	—	用钢尺检查

在水泥砂浆结构层上铺贴缸砖、陶瓷地砖和水泥花砖面层前,应对砖的规格尺寸、外观质量、色泽等进行预选;需要时,浸水湿润晾干待用;勾缝和压缝应采用同品种、同强度等级、同颜

色的水泥,并做养护和保护。在水泥砂浆结合层上铺贴陶瓷锦砖面层时,砖底面应洁净,每联陶瓷锦砖之间、与结合层之间以及在墙角、镶边和靠柱、墙处应紧密贴合。在靠柱、墙处不得采用砂浆填补。

大理石、花岗石面层采用天然大理石、花岗石(或碎拼大理石、碎拼花岗石)板材,应在结合层上铺设。板材有裂缝、掉角、翘曲和表面有缺陷时应予剔除,品种不同的板材不得混杂使用;在铺设前,应根据石材的颜色、花纹、图案、纹理等按设计要求,试拼编号。铺设大理石、花岗石面层前,板材应浸湿、晾干;结合层与板材应分段同时铺设。

板块面层铺设工程的质量检验标准见表5-6。

表5-6 板块面层铺设工程质量检验标准

项	序	项目	检验标准及要求	检验方法	检查数量
主控项目	1	砖面层	砖面层所用板块产品应符合设计要求和国家现行有关标准的规定	观察检查和检查型式检验报告、出厂检验报告、出厂合格证	同一工程、同一材料、同一生产厂家、同一型号、同一规格、同一批号检查一次
			砖面层所用板块产品进入施工现场时,应有放射性限量合格的检测报告	检查检测报告	
			面层与下一层应结合(粘结)牢固,无空鼓(单块砖边角允许有局部空鼓,但每自然间或标准间的空鼓砖不应超过总数的5%)	用小锤轻击检查	符合表5-2注1的要求
	2	大理石面层和花岗石面层	大理石、花岗石面层所用板块产品应符合设计要求和国家现行有关标准的规定	观察检查和检查质量合格证明文件	同一工程、同一材料、同一生产厂家、同一型号、同一规格、同一批号检查一次
			大理石、花岗石面层所用板块产品进入施工现场时,应有放射性限量合格的检测报告	检查检测报告	
			面层与下一层应结合牢固,无空鼓(单块板块边角允许有局部空鼓,但每自然间或标准间的空鼓板块不应超过总数的5%)	用小锤轻击检查	符合表5-2注1的要求
一般项目	1	砖面层	面层表面应洁净,图案清晰,色泽应一致,接缝应平整,深浅应一致,周边应顺直。板块应无裂纹、掉角和缺楞等缺陷	观察检查	符合表5-2注1的要求
			面层邻接处的镶边用料及尺寸应符合设计要求,边角应整齐、光滑	观察和用钢尺检查	
			踢脚线表面应洁净,与柱、墙面结合应牢固。踢脚线高度和出柱、墙厚度应符合设计要求且均匀一致	观察和用小锤轻击及钢尺检查	
			楼梯、台阶踏步的宽度、高度应符合设计要求。踏步板块的缝隙宽度应一致;楼层梯段相邻踏步高度差不应大于10 mm;每踏步两端宽度差不应大于10 mm,旋转楼梯梯段的每踏步两端宽度的允许偏差不应大于5 mm。踏步面层应做防滑处理,齿角应整齐,防滑条应顺直、牢固	观察和用钢尺检查	
			面层表面的坡度应符合设计要求,不倒泛水、无积水;与地漏、管道结合处应严密牢固,无渗漏	观察、泼水或用坡度尺及蓄水检查	
			面层的允许偏差应符合表5-5的规定	见表5-5	

续表

项	序	项 目	检验标准及要求	检验方法	检查数量
一般项目	2	大理石面层和花岗石面层	大理石、花岗石面层铺设前,板块的背面和侧面应进行防碱处理	观察检查和检查施工记录	符合表5-2注1的要求
			面层表面应洁净、平整、无磨痕,且应图案清晰,色泽一致,接缝均匀,周边顺直,镶嵌正确,板块应无裂纹、掉角和缺楞等缺陷	观察检查	
			踢脚线表面应洁净,与柱、墙面结合应牢固。踢脚线高度和出柱、墙厚度应符合设计要求且均匀一致	观察和用小锤轻击及钢尺检查	
			楼梯、台阶踏步的宽度、高度应符合设计要求。踏步板块的缝隙宽度应一致;楼层梯段相邻踏步高度差不应大于10 mm;每踏步两端宽度差不应大于10 mm,旋转楼梯梯段的每踏步两端宽度的允许偏差不应大于5 mm。踏步面层应做防滑处理,齿角应整齐,防滑条应顺直、牢固	观察和用钢尺检查	
			面层表面的坡度应符合设计要求,不倒泛水、无积水;与地漏、管道结合处应严密牢固,无渗漏	观察、泼水或用坡度尺及蓄水检查	
			面层的允许偏差应符合表5-5的规定	见表5-5	

四、建筑地面工程施工常见问题

1. 找平层不密实、强度低

1)现象

水泥类(水泥砂浆、水泥混凝土)找平层表面不密实,孔隙较多,强度等级达不到设计要求。

2)原因分析

(1)思想上重视不够,误认为找平层仅仅起找平作用,因而在配料、搅拌、铺设、振捣等各个施工环节的操作上都比较马虎。

(2)因找平层厚度较薄,设计强度等级又偏低(通常为C20),施工操作有一定难度。

(3)铺设找平层前,基层表面湿润不够;铺设找平层时,又未认真刷水泥浆。铺设后,拌合料失水过快,影响找平层的密实度和强度。

3)预防措施

(1)思想上重视,找平层是建筑地面结构中的一个重要构造层,施工质量的好坏,将直接影响到面层和地面整体结构的质量。

（2）重视施工交底和检查督促工作，使找平层施工在配料、搅拌、铺设、振捣和平整等各个施工环节都能重视，确保施工质量。

（3）重视基层清洗湿润工作，铺设前，应刷水胶比为 0.4～0.5 的纯水泥浆一道，加强找平层与基层的粘结力。振捣结束时若发现表面不密实、孔隙较多的情况，应适当补足水泥浆，使表面层达到平整、密实的要求。

4）治理办法

一般情况下，表面可补抹一层水泥净浆，清除表面层孔隙，增强表面层强度。当质量差距较大时，应返工处理。

2. 地面裂缝

1）现象

不规则裂缝部位不固定，形状也不一，预制板楼地面或现浇板楼地面上都会出现，有表面裂缝，也有连底裂缝。

2）原因分析

（1）水泥安定性差或采用不同品种、不同强度等级的水泥混杂使用，凝结硬化的时间以及凝结硬化时的收缩量不同而造成面层裂缝。

（2）砂子粒径过细，或含泥量过大，使拌合物的强度低。

（3）面层养护不及时或不养护，产生收缩裂缝。

（4）水泥砂浆过稀或搅拌不均匀，则砂浆的抗拉强度降低，影响砂浆与基层的粘结。

（5）配合比不准确，垫层质量差；混凝土振捣不实，接槎不严；地面填土局部标高不够或是过高，削弱垫层的承载力而引起面层裂缝。

（6）面积较大的楼地面未留伸缩缝，因温度变化而产生较大的胀缩变形，使地面产生裂缝。

3）防治措施

（1）重视原材料质量。

（2）保证垫层厚度和配合比的准确性，振捣要密实，表面要平整，接槎要严密。

（3）水泥砂浆终凝后，应及时用湿砂或湿草袋覆盖养护，防止产生早期收缩裂缝。

（4）面积较大的水泥砂浆（或混凝土）楼地面，应从垫层开始设置变形缝。室内一般设置纵、横向缩缝，其间距和形式应符合设计要求。

4）治理方法

对于尚在继续开展的"活裂缝"，为了避免水或其他液体渗过楼板而造成危害，可采用柔性材料（如沥青胶泥、嵌缝油膏等）作裂缝封闭处理。对于已经稳定的裂缝，则应根据裂缝的严重程度作如下处理：

（1）裂缝细微，无空鼓现象，且地面无液体流淌时，一般可不作处理。

（2）裂缝宽度在 0.5 mm 以上时，可作水泥浆封闭处理，先将裂缝内的灰尘冲洗干净，晾干后，用纯水泥浆（可适量掺些 108 胶）嵌缝。嵌缝后加强养护，常温下养护 3 d，然后用细砂轮在裂缝处轻轻磨平。

（3）裂缝涉及结构受力时，则应根据使用情况，结合结构加固一并进行处理。

例题 5-1 某既有综合楼装修改造工程共 9 层,层高 3.6 m。地面工程施工中,卫生间地面防水材料铺设后,做蓄水试验,蓄水时间 24 h,深度 18 mm;大厅花岗石地面出现不规则花斑。

问题:

地面工程施工中哪些做法不正确？写出正确的施工方法。

答案:

地面工程施工中有一处施工方法不正确:"大厅花岗石地面出现不规则花斑",施工质量不合格。花岗石地面出现不规则花斑现象,是因为采用湿作业法铺设,在铺设前没有做防碱背涂处理。

正确做法:根据规定操作,采用湿作业法施工的饰面板工程,石材应进行防碱背涂处理。

任务 **2** 抹灰工程质量控制与验收

抹灰工程验收时应检查抹灰工程的施工图、设计说明及其他设计文件,材料的产品合格证书、性能检测报告、进场验收记录和复验报告,隐蔽工程验收记录,施工记录。

抹灰工程应对砂浆的拉伸粘结强度和聚合物砂浆的保水率进行复验。抹灰工程应对抹灰总厚度大于或等于 35 mm 时的加强措施和不同材料基体交接处的加强措施等隐蔽工程项目进行验收。

各分项工程的检验批应按下列规定划分:相同材料、工艺和施工条件的室外抹灰工程每 1000 m² 应划分为一个检验批,不足 1000 m² 也应划分为一个检验批;相同材料、工艺和施工条件的室内抹灰工程每 50 个自然间应划分为一个检验批,不足 50 间也应划分为一个检验批,大面积房间和走廊可按抹灰面积每 30 m² 计为一间。

一、一般抹灰工程

当要求抹灰层具有防水、防潮功能时,应采用防水砂浆。各种砂浆抹灰层,在凝结前应防止快干、水冲、撞击、振动和受冻,在凝结后应采取措施防止沾污和损坏,水泥砂浆抹灰层应在湿润条件下养护。

外墙和顶棚的抹灰层与基层之间及各抹灰层之间必须粘结牢固。外墙抹灰工程施工前应先安装钢木门窗框、护栏等,应将墙上的施工孔洞堵塞密实,并对基层进行处理。室内墙面、柱面和门洞口的阳角做法应符合设计要求,设计无要求时,应采用不低于 M20 水泥砂浆做护角,其高度不应低于 2 m,每侧宽度不应小于 50 mm。

一般抹灰工程的质量检验标准见表 5-7。

表 5-7　一般抹灰工程质量检验标准

项	序	项　目	检验标准及要求	检查方法	检查数量
主控项目	1	基层表面	抹灰前基层表面的尘土、污垢、油渍等应清除干净，并应洒水润湿或进行界面处理	检查施工记录	室内每个检验批应至少抽查 10%并不得少于 3 间，不足 3 间时应全数检查；室外每个检验批每100 m² 应至少抽查一处，每处不得小于 10 m²
	2	材料品种和性能	应符合设计要求及国家现行标准的有关规定	检查产品合格证书、进场验收记录、性能检验报告和复验报告	
	3	操作要求	抹灰工程应分层进行。当抹灰总厚度大于或等于 35 mm 时，应采取加强措施。不同材料基体交接处表面的抹灰，应采取防止开裂的加强措施，当采用加强网时，加强网与各基体的搭接宽度不应小于 100 mm	检查隐蔽工程验收记录和施工记录	
	4	层间及层面要求	抹灰层与基层之间及各抹灰层之间必须粘结牢固，抹灰层应无脱层和空鼓，面层应无爆灰和裂缝	观察；用小锤轻击检查；检查施工记录	
一般项目	1	表面质量	一般抹灰工程的表面质量应符合下列规定： (1)普通抹灰表面应光滑、洁净、接槎平整，分格缝应清晰； (2)高级抹灰表面应光滑、洁净、颜色均匀、无抹纹，分格缝和灰线应清晰美观	观察；手摸检查	
	2	细部质量	护角、孔洞、槽、盒周围的抹灰表面应整齐、光滑；管道后面的抹灰表面应平整	观察	
	3	层总厚度及层间材料	抹灰层的总厚度应符合设计要求；水泥砂浆不得抹在石灰砂浆层上；罩面石膏灰不得抹在水泥砂浆层上	检查施工记录	
	4	分格缝	抹灰分格缝的设置应符合设计要求，宽度和深度应均匀，表面应光滑，棱角应整齐		
	5	滴水线(槽)	有排水要求的部位应做滴水线(槽)。滴水线(槽)应整齐顺直，滴水线应内高外低，滴水槽的宽度和深度均不应小于 10 mm	观察；尺量检查	
	6	允许偏差	一般抹灰工程质量的允许偏差和检验方法应符合表 5-8 的规定	见表 5-8	

表 5-8　一般抹灰的允许偏差和检验方法

项次	项　目	允许偏差/mm		检验方法
		普通抹灰	高级抹灰	
1	立面垂直度	4	3	用 2 m 垂直检测尺检查
2	表面平整度	4	3	用 2 m 靠尺和塞尺检查
3	阴阳角方正	4	3	用 200 mm 直角检测尺检查
4	格条(缝)直线度	4	3	拉 5 m 线，不足 5 m 拉通线，用钢直尺检查
5	墙裙、勒脚上口直线度	4	3	

注：1.普通抹灰，本表第 3 项阴角方正可不检查；
　　2.顶棚抹灰，本表第 2 项表面平整度可不检查，但应平顺。

二、装饰抹灰工程

质量控制点同一般抹灰工程质量控制点。

装饰抹灰工程的质量检验标准见表 5-9。

表 5-9　装饰抹灰工程质量检验标准

项	序	项目	检验标准及要求	检查方法	检查数量
主控项目	1	基层表面	抹灰前基层表面的尘土、污垢、油渍等应清除干净,并应洒水润湿	检查施工记录	室内每个检验批应至少抽查 10%并不得少于 3 间,不足 3 间时应全数检查;室外每个检验批每 100 m² 应至少抽查一处,每处不得小于 10 m²
	2	材料品种和性能	应符合设计要求及国家现行标准的有关规定	检查产品合格证书、进场验收记录、性能检验报告和复验报告	
	3	操作要求	抹灰工程应分层进行。当抹灰总厚度大于或等于 35 mm 时,应采取加强措施。不同材料基体交接处表面的抹灰,应采取防止开裂的加强措施,当采用加强网时,加强网与各基体的搭接宽度不应小于 100 mm	检查隐蔽工程验收记录和施工记录	
	4	层间及层面要求	抹灰层与基层之间及各抹灰层之间必须粘结牢固,抹灰层应无脱层、空鼓	观察;用小锤轻击检查;检查施工记录	
一般项目	1	表面质量	装饰抹灰工程的表面质量应符合下列规定: (1)水刷石表面应石粒清晰、分布均匀、紧密平整、色泽一致,应无掉粒和接槎痕迹; (2)斩假石表面剁纹应均匀顺直、深浅一致,应无漏剁处;阳角处应横剁并留出宽窄一致的不剁边条,棱角应无损坏; (3)干粘石表面应色泽一致、不露浆、不漏粘,石粒应粘结牢固、分布均匀,阳角处应无明显黑边; (4)假面砖表面应平整、沟纹清晰、留缝整齐、色泽一致,应无掉角、脱皮、起砂等缺陷	观察;手摸检查	
	2	分格缝	装饰抹灰分格(条)缝的设置应符合设计要求,宽度和深度应均匀,表面应光滑,棱角应整齐	观察	
	3	滴水线(槽)	有排水要求的部位应做滴水线(槽)。滴水线(槽)应整齐顺直,滴水线应内高外低,滴水槽的宽度和深度均不应小于 10 mm	观察;尺量检查	
	4	允许偏差	装饰抹灰工程质量的允许偏差和检验方法应符合表 5-10 的规定	见表 5-10	

表 5-10　装饰抹灰的允许偏差和检验方法

项次	项　目	允许偏差/mm				检验方法
		水刷石	斩假石	干粘石	假面砖	
1	面垂直度	5	4	5	5	用 2 m 垂直检测尺检查
2	表面平整度	3	3	5	4	用 2 m 靠尺和塞尺检查
3	阳角方正	3	3	4	4	用 200 mm 直角检测尺检查
4	分格条(缝)直线度	3	3	3	3	拉 5 m 线,不足 5 m 拉通线,用
5	墙裙、勒脚上口直线度	3	3	—	—	钢直尺检查

三、抹灰工程施工常见问题

1. 爆灰、裂纹、斑点

1）原因分析

底灰混合砂浆中的白灰颗粒没有完全熟化,或将回收落地灰直接掺入新砂浆中,没有二次筛选搅拌。未熟化白灰颗粒上墙吸水膨胀后形成爆灰;基层湿润不够或底灰未达到一定干度而上面灰,底灰、面灰层同时干缩会造成墙面裂纹;基层未处理干净,白灰膏污染,和灰不均匀,造成墙面斑点。

2）防治措施

严把材料关,白灰浸闷不少于两周;落地灰利用必须二次筛选并搅拌,上面灰前墙面提前充分湿润,上灰均匀、压实,完成后注意封闭保护。

2. 上下水、暖气管背后墙面与其根部抹灰粗糙甚至漏抹

1）原因分析

安装管线前,未能安排人员将管背后墙面预先抹出,直到管线安装后造成抹灰操作困难。

2）防治措施

工种交接要规定质量标准,达不到标准的,下道工序不予接收,在进行转工种作业或进行下道工序时,应认真检查,不具备下道工序作业条件时,不安排下道工序人员上岗。

例题 5-2　某大型剧院拟进行维修改造,某装饰装修工程公司在公开招投标过程中获得了该维修改造任务,合同工期为 5 个月,合同价款为 1800 万元。

（1）抹灰工程基层处理的施工过程部分记录如下:

①在抹灰前对基层表面做了清除。

②室内墙面、柱面和门窗洞口的阳角做法符合设计要求。

（2）工程师对抹灰工程施工质量控制的要点确定如下:

①抹灰用的石灰膏的熟化期不应小于 3 d。

②当抹灰总厚度大于或等于 15 mm 时,应采取加强措施。

③有排水要求的部位应做滴水线(槽)。

④一般抹灰的石灰砂浆不得抹在水泥砂浆层上。

⑤一般抹灰和装饰抹灰工程的表面质量应符合有关规定。

问题：

（1）抹灰前应清除基层表面的哪些物质？

（2）如果设计对室内墙面、柱面和门窗洞口的阳角做法无要求，应怎样处理？

（3）为使基体表面在抹灰前光滑应作怎样的处理？

（4）判断工程师对抹灰工程施工质量控制要点的不妥之处，并改正。

（5）对滴水线（槽）的要求是什么？

（6）一般抹灰工程表面质量应符合的规定有哪些？

（7）装饰抹灰工程表面质量应符合的规定有哪些？

答案：

（1）抹灰前应清除基层表面上的尘土、疏松物、脱模剂、污垢和油渍等。

（2）如果设计对室内墙面、柱面和门窗洞口的阳角做法无要求，应采用1∶2水泥砂浆做暗护角，其高度不应低于2 m，每侧宽度不应小于50 mm。

（3）为使基体表面在抹灰前光滑，应作毛化处理。

（4）工程师对抹灰工程施工质量控制要点的不妥之处和正确做法分述如下：

①不妥之处：抹灰用的石灰膏的熟化期不应小于3 d。

正确做法：抹灰用的石灰膏的熟化期不应小于15 d，罩面用的磨细石灰粉的熟化期不应小于3 d。

②不妥之处：当抹灰总厚度大于或等于15 mm时，应采取加强措施。

正确做法：当抹灰总厚度大于或等于35 mm时，应采取加强措施。

③不妥之处：一般抹灰的石灰砂浆不得抹在水泥砂浆层上。

正确做法：一般抹灰的水泥砂浆不得抹在石灰砂浆层上，罩面石膏不得抹在水泥砂浆层上。

（5）对滴水线（槽）的要求是：应整齐顺直，滴水线应内高外低，滴水槽的深度和宽度不应小于10 mm。

（6）一般抹灰工程表面质量应符合的规定有：

①普通抹灰表面应光滑、洁净、接槎平整，分格缝应清晰。

②高级抹灰表面应光滑、洁净、颜色均匀、无抹纹，分格缝和灰线应清晰美观。

（7）装饰抹灰工程表面质量应符合的规定有：

①水刷石表面应石粒清晰、分布均匀、紧密平整、色泽一致，应无掉粒和接槎痕迹。

②斩假石表面剁纹应均匀顺直、深浅一致，应无漏剁处；阳角处应横剁，并留出宽窄一致的不剁边条，棱角应无损坏。

③干粘石表面应色泽一致、不漏浆、不漏粘，石粒应粘结牢固、分布均匀，阳角处应无明显黑边。

④假面砖表面应平整、沟纹清晰、留缝整齐、色泽一致，应无掉角、脱皮等缺陷。

任务 3 门窗工程质量控制与验收

门窗工程验收时应检查门窗工程的施工图、设计说明及其他设计文件，材料的产品合格证书、性能检测报告、进场验收记录和复验报告,特种门及其附件的生产许可文件,隐蔽工程验收记录,施工记录。

门窗工程应对人造木板的甲醛释放量和建筑外窗的气密性能、水密性能和抗风压性能进行复验。

门窗工程应对预埋件和锚固件、隐蔽部位的防腐和填嵌处理、高层金属窗防雷连接节点等隐蔽工程项目进行验收。

各分项工程的检验批应按下列规定划分:同一品种、类型和规格的木门窗、金属门窗、塑料门窗及门窗玻璃每100樘应划分为一个检验批,不足100樘也应划分为一个检验批;同一品种、类型和规格的特种门每50樘应划分为一个检验批,不足50樘也应划分为一个检验批。

一、金属门窗安装工程

1. 质量控制点

(1)门窗安装前,应对门窗洞口尺寸进行检验。

(2)门窗安装应采用预留洞口的方法施工,不得采用边安装边砌口或先安装后砌口的方法施工。

(3)当窗组合时,其拼樘料的尺寸、规格、壁厚应符合设计要求。

2. 检验批施工质量验收

金属门窗安装工程的质量检验标准见表5-11。

表 5-11 金属门窗安装工程质量检验标准

项	序	检查项目	检验标准及要求	检查方法	检查数量
主控项目	1	门窗质量	金属门窗的品种、类型、规格、尺寸、性能、开启方向、安装位置、连接方式及门窗的型材壁厚应符合设计要求及国家现行标准的有关规定。金属门窗的防雷、防腐处理及填嵌、密封处理应符合设计要求	观察;尺量检查;检查产品合格证、性能检测报告、进场验收记录和复验报告;检查隐蔽工程验收记录	每个检验批应至少抽查5%并不得少于3樘,不足3樘时应全数检查;高层建筑的外窗,每个检验批应至少抽查10%并不得少于6樘,不足6樘时应全数检查
	2	框和附框的安装	金属门窗框和附框的安装应牢固。预埋件及锚固件的数量、位置、埋设方式与框的连接方式应符合设计要求	手扳检查;检查隐蔽工程验收记录	
	3	门窗扇安装	金属门窗扇应安装牢固、开关灵活、关闭严密、无倒翘。推拉门窗扇应安装防止扇脱落的装置	观察;开启和关闭检查;手扳检查	
	4	配件质量及安装	金属门窗配件的型号、规格、数量应符合设计要求,安装应牢固,位置应正确,功能应满足使用要求	观察;开启和关闭检查;手扳检查	

项目	序	检查项目	检验标准及要求	检查方法	检查数量
一般项目	1	表面质量	金属门窗表面应洁净、平整、光滑、色泽一致，应无锈蚀、擦伤、划痕和碰伤。漆膜或保护层应连续。型材的表面处理应符合设计要求及国家现行标准的有关规定	观察	同主控项目
	2	金属门窗推拉门窗扇开关力	金属门窗推拉门窗扇开关力不应大于50 N	用测力计检查	
	3	框与墙体之间的缝隙	金属门窗框与墙体之间的缝隙应填嵌饱满，并应采用密封胶密封。密封胶表面应光滑、顺直、无裂纹	观察；轻敲门窗框检查；检查隐蔽工程验收记录	
	4	密封条	金属门窗扇的密封胶条或密封毛条装配应平整、完好，不得脱槽，交角处应平顺	观察；开启和关闭检查	
	5	排水孔	排水孔应畅通，位置和数量应符合设计要求	观察	
	6	留缝限值和允许偏差	金属门窗安装的留缝限值、允许偏差和检验方法应符合表5-12、表5-13和表5-14的规定	见表5-12、表5-13和表5-14	

表 5-12　钢门窗安装的留缝限值、允许偏差和检验方法

项次	项目		留缝限值/mm	允许偏差/mm	检验方法
1	门窗槽口宽度、高度	≤1500 mm	—	2	用钢尺检查
		>1500 mm	—	3	
2	门窗槽口对角线长度差	≤2000 mm	—	3	
		>2000 mm	—	4	
3	门窗框的正、侧面垂直度		—	3	用1 m垂直检测尺检查
4	门窗横框的水平度		—	3	用1 m水平尺和塞尺检查
5	门窗横框标高		—	5	用钢尺检查
6	门窗竖向偏离中心		—	4	
7	双层门窗内外框间距		—	5	
8	门窗框、扇配合间隙		≤2	—	用塞尺检查
9	平开门窗框扇搭接宽度	门	≥6	—	用钢直尺检查
		窗	≥6	—	
	推拉门窗框扇搭接宽度		≥6	—	
10	无下框时门扇与地面间留缝		4～8	—	用塞尺检查

表 5-13　铝合金门窗安装的允许偏差和检验方法

项　次	项　目		允许偏差/mm	检 验 方 法
1	门窗槽口宽度、高度	≤2000 mm	2	用钢卷尺检查
		>2000 mm	3	
2	门窗槽口对角线长度差	≤2500 mm	4	
		>2500 mm	5	
3	门窗框的正、侧面垂直度		2	用 1 m 垂直检测尺检查
4	门窗横框的水平度		2	用 1 m 水平尺和塞尺检查
5	门窗横框标高		5	用钢卷尺检查
6	门窗竖向偏离中心		5	
7	双层门窗内外框间距		4	
8	推拉门窗扇与框搭接宽度	门	2	用钢直尺检查
		窗	1	

表 5-14　涂色镀锌钢板门窗安装的允许偏差和检验方法

项　次	项　目		允许偏差/mm	检 验 方 法
1	门窗槽口宽度、高度	≤1500 mm	2	用钢卷尺检查
		>1500 mm	3	
2	门窗槽口对角线长度差	≤2000 mm	4	
		>2000 mm	5	
3	门窗框的正、侧面垂直度		3	用 1 m 垂直检测尺检查
4	门窗横框的水平度		3	用 1 m 水平尺和塞尺检查
5	门窗横框标高		5	用钢卷尺检查
6	门窗竖向偏离中心		5	
7	双层门窗内外框间距		4	
8	推拉门窗扇与框搭接宽度		2	用钢直尺检查

二、塑料门窗安装工程

1. 质量控制点

同金属门窗安装工程质量控制点。

2. 检验批施工质量验收

塑料门窗安装工程的质量检验标准见表 5-15。

表 5-15 塑料门窗安装工程质量检验标准

项	序	项 目	检验标准及要求	检查方法	检查数量
主控项目	1	门窗质量	塑料门窗的品种、类型、规格、尺寸、性能、开启方向、安装位置、连接方式和填嵌密封处理应符合设计要求及国家现行标准的有关规定,内衬增强型钢的壁厚及设置应符合现行国家标准《建筑用塑料门》(GB/T 28886)和《建筑用塑料窗》(GB/T 28887)的规定	观察;尺量检查;检查产品合格证、性能检测报告、进场验收记录和复验报告;检查隐蔽工程验收记录	每个检验批应至少抽查 5% 并不得少于 3 樘,不足 3 樘时应全数检查;高层建筑的外窗,每个检验批应至少抽查 10% 并不得少于 6 樘,不足 6 樘时应全数检查
	2	框、扇安装	塑料门窗框、附框和扇的安装应牢固。固定片或膨胀螺栓的数量与位置应正确,连接方式应符合设计要求。固定点应距窗角、中横框、中竖框 150~200 mm,固定点间距应不大于 600 mm	观察;手扳检查;尺量检查;检查隐蔽工程验收记录	
	3	拼樘料与框连接	塑料组合门窗使用的拼樘料截面尺寸及内衬增强型钢的形状和壁厚应符合设计要求。承受风荷载的拼樘料应采用与其内腔紧密吻合的增强型钢作为内衬,其两端应与洞口固定牢固。窗框与拼樘料连接紧密,固定点间距应不大于 600 mm	观察;手扳检查;尺量检查;吸铁石检查;检查进场验收记录	
	4	伸缩缝处理	窗框与洞口之间的伸缩缝内应采用聚氨酯发泡胶填充,发泡胶填充应均匀、密实。发泡胶成型后不宜切割。表面应采用密封胶密封。密封胶应粘结牢固,表面应光滑、顺直、无裂纹	观察;检查隐蔽工程验收记录	
	5	滑撑铰链的安装	滑撑铰链的安装应牢固,紧固螺钉应使用不锈钢材质。螺钉与框扇连接处应进行防水密封处理	观察;手扳检查;检查隐蔽工程验收记录	
	6	防脱落装置	推拉门窗扇应安装防止扇脱落的装置	观察	
	7	门窗扇开关	门窗扇关闭应紧密,开关应灵活	观察;开启和关闭检查,手扳检查	
	8	配件质量及安装	塑料门窗配件的型号、规格、数量应符合设计要求,安装应牢固,位置应正确,使用应灵活,功能应满足各自使用要求。平开窗扇高度大于 900 mm 时,窗扇锁闭点不应少于 2 个	观察,手扳检查,尺量检查	

续表

项	序	项 目	检验标准及要求	检查方法	检查数量
一般项目	1	密封	安装后的门窗关闭时,密封面上的密封条应处于压缩状态,密封层数应符合设计要求。密封条应连续完整,装配后应均匀、牢固,应无脱槽、收缩和虚压等现象;密封条接口应严密,且应位于窗的上方	观察	同主控项目
	2	门窗扇开关力	应符合下列规定: (1)平开门窗扇平铰链的开关力不应大于80 N;滑撑铰链的开关力不应大于80 N,并不应小于30 N。 (2)推拉门窗扇的开关力不应大于100 N	观察;用测力计检查	
	3	表面质量	门窗表面应洁净、平整、光滑,颜色应均匀一致。可视面应无划痕、碰伤等缺陷,门窗不得有焊角开裂和型材断裂等现象	观察	
	4	密封条、槽口	旋转窗间隙应均匀		
	5	排水孔	应畅通,位置和数量应符合设计要求		
	6	安装的允许偏差	塑料门窗安装的允许偏差和检验方法应符合表5-16的规定	见表5-16	

表 5-16 塑料门窗安装的允许偏差和检验方法

项 次	项 目		允许偏差/mm	检验方法
1	门窗槽口宽度、高度	≤1500 mm	2	用钢卷尺检查
		>1500 mm	3	
2	门窗槽口对角线长度差	≤2000 mm	3	
		>2000 mm	5	
3	门窗框(含拼樘料)的正、侧面垂直度		3	用1 m垂直检测尺检查
4	门窗横框(含拼樘料)的水平度		3	用1 m水平尺和塞尺检查
5	门窗下横框的标高		5	用钢卷尺检查,与基准线比较
6	门窗竖向偏离中心		5	用钢卷尺检查
7	双层门、窗内外框间距		4	
8	平开门窗及上悬、下悬、中悬窗	门、窗扇与框搭接宽度	2	用深度尺或钢直尺检查
		同樘门、窗相邻扇的水平高度差	2	用靠尺和钢直尺检查
		门、窗框扇四周的配合间隙	1	用楔形塞尺检查
9	推拉门窗	门、窗扇与框搭接宽度	2	用深度尺或钢直尺检查
		门、窗扇与框或相邻扇立边平行度		用钢直尺检查
10	组合门窗	平整度	3	用2 m靠尺和钢直尺检查
		缝直线度	3	

三、门窗玻璃安装工程

1.质量控制点

（1）玻璃的品种、规格、尺寸、色彩、图案和涂膜朝向应符合设计要求。

（2）门窗玻璃裁割尺寸应正确。

2.检验批施工质量验收

门窗玻璃安装工程的质量检验标准见表5-17。

表 5-17　门窗玻璃安装工程质量检验标准

项	序	项　　目	检验标准及要求	检查方法	检查数量
主控项目	1	玻璃质量	玻璃的层数、品种、规格、尺寸、色彩、图案和涂膜朝向应符合设计要求	观察；检查产品合格证书、性能检验报告和进场验收记录	每个检验批应至少抽查5%并不得少于3樘，不足3樘时应全数检查；高层建筑的外窗，每个检验批应至少抽查10%并不得少于6樘，不足6樘时应全数检查
	2	玻璃裁割	门窗玻璃裁割尺寸应正确。安装后的玻璃应牢固，不得有裂纹、损伤和松动	观察；轻敲检查	
	3	安装方法	玻璃的安装方法应符合设计要求。固定玻璃的钉子或钢丝卡的数量、规格应保证玻璃安装牢固	观察；检查施工记录	
	4	木压条	镶钉木压条接触玻璃处应与裁口边缘平齐。木压条应互相紧密连接，并应与裁口边缘紧贴，割角应整齐	观察	
	5	密封条	密封条与玻璃、玻璃槽口的接触应紧密、平整。密封胶与玻璃、玻璃槽口的边缘应粘结牢固、接缝平齐		
	6	玻璃压条	带密封条的玻璃压条，其密封条应与玻璃贴紧，压条与型材之间应无明显缝隙	观察；尺量检查	
一般项目	1	玻璃表面	玻璃表面应洁净，不得有腻子、密封胶、涂料等污渍。中空玻璃内外表面均应洁净，玻璃中空层内不得有灰尘和水蒸气。门窗玻璃不应直接接触型材	观察	
	2	腻子	腻子及密封胶应填抹饱满、粘结牢固；腻子及密封胶边缘与裁口应平齐。固定玻璃的卡子不应在腻子表面显露		
	3	密封条	不得卷边、脱槽，密封条接缝应粘接		

■ **例题5-3** 某施工总承包单位承接了一地处闹市区的某商务中心的施工任务。该工程地下2层,地上20层,基坑深8.75 m,灌注桩基础,上部结构为现浇剪力墙结构。

为赶工程进度,施工单位在结构施工后阶段,提前进场了几批外墙金属窗,并会同监理对这几批金属窗的外观进行了查看,双方认为质量合格,准备投入使用。

问题:

施工单位和监理对金属窗的检验是否正确?如不正确,该如何检验?

答案:

不正确。进场金属窗除进行外观检查外,还要检验产品质量证明文件,对金属窗还要复试气密性、水密性和抗风压性能。

任务 4 吊顶工程质量控制与验收

● ● ●

吊顶工程验收时应检查吊顶工程的施工图、设计说明及其他设计文件,材料的产品合格证书、性能检测报告、进场验收记录和复验报告,隐蔽工程验收记录,施工记录。

吊顶工程应对下列隐蔽工程项目进行验收:吊顶内管道、设备的安装及水管试压、风管严密性检验;木龙骨防火、防腐处理;埋件;吊杆安装;龙骨安装;填充材料的设置;反支撑及钢结构转换层。

同一品种的吊顶工程每50间应划分为一个检验批,不足50间也应划分为一个检验批,大面积房间和走廊可按吊顶面积30 m² 为一间。

一、整体面层吊顶工程

1. 质量控制点

(1)吊顶工程应对人造木板的甲醛释放量进行复验。

(2)安装龙骨前,应按设计要求对房间净高、洞口标高和吊顶内管道、设备及其支架的标高进行交接检验。

(3)吊顶工程的木龙骨和木面板应进行防火处理,并应符合有关设计防火标准的规定。

(4)吊顶工程中的埋件、钢筋吊杆和型钢吊杆应进行防腐处理。

(5)安装饰面板前应完成吊顶内管道和设备的调试及验收。

(6)吊杆距主龙骨端部距离不得大于300 mm。当吊杆长度大于1.5 m时,应设置反支撑。当吊杆与设备相遇时,应调整并增设吊杆或采用型钢支架。

(7)重型灯具和有振动荷载的设备严禁安装在吊顶工程的龙骨上。

(8)吊顶埋件与吊杆的连接、吊杆与龙骨的连接、龙骨与面板的连接应安全可靠。

(9)吊杆上部为网架、钢屋架或吊杆长度大于2500 mm时,应设有钢结构转换层。

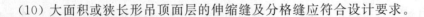

（10）大面积或狭长形吊顶面层的伸缩缝及分格缝应符合设计要求。

2. 检验批施工质量验收

整体面层吊顶工程的质量检验标准见表5-18。

表5-18 整体面层吊顶工程质量检验标准

项	序	项 目	检验标准及要求	检查方法	检查数量
主控项目	1	标高、尺寸、起拱和造型	吊顶标高、尺寸、起拱和造型应符合设计要求	观察；尺量检查	每个检验批应至少抽查10%并不得少于3间，不足3间时应全数检查
	2	面层材料	面层材料的材质、品种、规格、图案、颜色和性能应符合设计要求及国家现行标准的有关规定	观察；检查产品合格证书、性能检测报告、进场验收记录和复验报告	
	3	吊杆、龙骨和面板的安装	整体面层吊顶工程的吊杆、龙骨和面板的安装应牢固	观察，手扳检查，检查隐蔽工程验收记录和施工记录	
	4	吊杆与龙骨材质	吊杆、龙骨的材质、规格、安装间距及连接方式应符合设计要求。金属吊杆、龙骨应经过表面防腐处理；木龙骨应进行防腐、防火处理	观察；尺量检查；检查产品合格证书、性能检验报告、进场验收记录和隐蔽工程验收记录	
	5	石膏板、水泥纤维板接缝	石膏板、水泥纤维板的接缝应按其施工工艺标准进行板缝防裂处理。安装双层板时，面层板与基层板的接缝应错开，并不得在同一根龙骨上接缝	观察	
一般项目	1	材料表面质量	面层材料表面应洁净、色泽一致，不得有翘曲、裂缝及缺损。压条应平直、宽窄一致	观察；尺量检查	
	2	灯具等设备	面板上的灯具、烟感器、喷淋头、风口箅子和检修口等设备设施的位置应合理、美观，与面板的交接应吻合、严密	观察	
	3	吊杆、龙骨接缝	金属龙骨的接缝应均匀一致，角缝应吻合，表面应平整，无翘曲、锤印。木质龙骨应顺直，无劈裂、变形	检查隐蔽工程验收记录和施工记录	
	4	填充材料	吊顶内填充吸声材料的品种和铺设厚度应符合设计要求，并应有防散落措施		
	5	允许偏差	安装的允许偏差和检验方法应符合表5-19的规定	见表5-19	

表5-19 整体面层吊顶工程安装的允许偏差和检验方法

项 次	项 目	允许偏差/mm	检验方法
1	表面平整度	3	用2m靠尺和塞尺检查
2	缝格、凹槽直线度	3	拉5m线，不足5m拉通线，用钢直尺检查

二、板块面层吊顶工程

1. 质量控制点

同整体面层吊顶工程质量控制点。

2. 检验批施工质量验收

板块面层吊顶工程的质量检验标准见表 5-20。

表 5-20　板块面层吊顶工程质量检验标准

项	序	项　目	检验标准及要求	检查方法	检查数量
主控项目	1	吊顶标高、起拱和造型	吊顶标高、尺寸、起拱和造型应符合设计要求	观察;尺量检查	每个检验批应至少抽查10%并不得少于3间,不足3间时应全数检查
	2	面层材料	面层材料的材质、品种、规格、图案、颜色和性能应符合设计要求及国家现行标准的有关规定。当面层材料为玻璃板时,应使用安全玻璃并采取可靠的安全措施	观察;检查产品合格证书、性能检验报告、进场验收记录和复验报告	
	3	面板安装	面板的安装应稳固严密。面板与龙骨的搭接宽度应大于龙骨受力面宽度的2/3	观察;手扳检查;尺量检查	
	4	吊杆、龙骨材质	吊杆和龙骨的材质、规格、安装间距及连接方式应符合设计要求。金属吊杆和龙骨应进行表面防腐处理;木龙骨应进行防腐、防火处理	观察;尺量检查;检查产品合格证书、性能检验报告、进场验收记录和隐蔽工程验收记录	
	5	吊杆、龙骨安装	吊杆和龙骨安装应牢固	手扳检查;检查隐蔽工程验收记录和施工记录	
一般项目	1	面层材料表面质量	面层材料表面应洁净、色泽一致,不得有翘曲、裂缝及缺损。面板与龙骨的搭接应平整、吻合,压条应平直、宽窄一致	观察;尺量检查	
	2	灯具等设备	面板上的灯具、烟感器、喷淋头、风口算子和检修口等设备设施的位置应合理、美观,与面板的交接应吻合、严密	观察	
	3	龙骨接缝	金属龙骨的接缝应平整、吻合、颜色一致,不得有划伤、擦伤等表面缺陷。木质龙骨应平整、顺直、无劈裂		
	4	填充材料	吊顶内填充吸声材料的品种和铺设厚度应符合设计要求,并应有防散落措施	检查隐蔽工程验收记录和施工记录	
	5	允许偏差	安装的允许偏差和检验方法应符合表 5-21 的规定	见表 5-21	

表 5-21　板块面层吊顶工程安装的允许偏差和检验方法

项　次	项　　目	允许偏差/mm				检验方法
		石膏板	金属板	矿棉板	木板、塑料板、玻璃板、复合板	
1	表面平整度	3	2	3	2	用 2 m 靠尺和塞尺检查
2	接缝直线度	3	2	3	3	拉 5 m 线,不足 5 m 拉通线,用钢直尺检查
3	接缝高低差	1	1	2	1	用钢直尺和塞尺检查

例题 5-4　某既有综合楼装修改造工程共 9 层,层高 3.6 m。吊顶工程施工中:

(1) 对人造饰面板的甲醛含量进行了复验。

(2) 安装饰面板前完成了吊顶内管道和设备的调试及验收。

(3) 吊杆长度 1.0 m,距主龙骨端部距离为 320 mm。

(4) 安装双层石膏板时,面层板与基层板的接缝一致,并在同一根龙骨上接缝。

(5) 5 m×8 m 办公室吊顶起拱高度为 12 mm。

问题:

吊顶工程施工中哪些做法不正确? 写出正确的施工方法。

答案:

(1)"距主龙骨端部距离为 320 mm"是错误的。正确做法是吊杆距主龙骨端部距离不得大于 300 mm。

(2)"安装双层石膏板时,面层板与基层板的接缝一致,并在同一根龙骨上接缝"的做法是错误的。正确做法是安装双层石膏板时,面层板与基层板的接缝应错开,并不得在同一根龙骨上接缝。

任务 5　轻质隔墙工程质量控制与验收

　　轻质隔墙工程验收时应检查轻质隔墙工程的施工图、设计说明及其他设计文件,材料的产品合格证书、性能检验报告、进场验收记录和复验报告,隐蔽工程验收记录,施工记录。

　　轻质隔墙工程应对下列隐蔽工程项目进行验收:骨架隔墙中设备管线的安装及水管试压;木龙骨防火、防腐处理;预埋件或拉结筋;龙骨安装;填充材料的设置。

　　同一品种的轻质隔墙工程每 50 间应划分为一个检验批,不足 50 间也应划分为一个检验批,大面积房间和走廊可按轻质隔墙的墙面 30 m² 为一间。

一、板材隔墙工程

1. 质量控制点

(1) 隔墙工程应对人造木板的甲醛释放量进行复验。

（2）轻质隔墙与顶棚和其他墙体的交接处应采取防开裂措施。

（3）民用建筑轻质隔墙工程的隔声性能应符合现行国家标准《民用建筑隔声设计规范》（GB 50118）的规定。

2. 检验批施工质量验收

板材隔墙工程的质量检验标准见表 5-22。

表 5-22　板材隔墙工程质量检验标准

项	序	项　目	检验标准及要求	检 查 方 法	检 查 数 量
主控项目	1	板材质量	隔墙板材的品种、规格、颜色和性能应符合设计要求。有隔声、隔热、阻燃和防潮等特殊要求的工程，板材应有相应性能等级的检验报告	观察；检查产品合格证书、进场验收记录和性能检验报告	每个检验批应至少抽查 10% 并不得少于 3 间，不足 3 间时应全数检查
	2	预埋件和连接件	安装隔墙板材所需预埋件、连接件的位置、数量及连接方法应符合设计要求	观察；尺量检查；检查隐蔽工程验收记录	
	3	安装质量	隔墙板材安装应牢固	观察；手扳检查	
	4	接缝材料、方法	隔墙板材所用接缝材料的品种及接缝方法应符合设计要求	观察；检查产品合格证书和施工记录	
	5	安装位置	隔墙板材安装应位置正确，板材不应有裂缝或缺损	观察；尺量检查	
一般项目	1	表面质量	板材隔墙表面应光洁、平顺、色泽一致，接缝应均匀、顺直	观察；手摸检查	
	2	孔洞、槽、盒	隔墙上的孔洞、槽、盒应位置正确、套割方正、边缘整齐	观察	
	3	允许偏差	安装的允许偏差和检验方法应符合表 5-23 的规定	见表 5-23	

表 5-23　板材隔墙工程安装的允许偏差和检验方法

项次	项　目	允许偏差/mm				检 验 方 法
		复合轻质墙板		石膏空心板	增强水泥板、混凝土轻质板	
		金属夹芯板	其他复合板			
1	立面垂直度	2	3	3	3	用 2 m 垂直检测尺检查
2	表面平整度	2	3	3	3	用 2 m 靠尺和塞尺检查
3	阴阳角方正	3	3	3	4	用 200 mm 直角检测尺检查
4	接缝高低差	1	2	2	3	用钢直尺和塞尺检查

二、骨架隔墙工程

1. 质量控制点

同板材隔墙工程质量控制点。

2．检验批施工质量验收

骨架隔墙工程的质量检验标准见表 5-24。

表 5-24　骨架隔墙工程质量检验标准

项	序	项　目	检验标准及要求	检查方法	检查数量
主控项目	1	材料质量	骨架隔墙所用龙骨、配件、墙面板、填充材料及嵌缝材料的品种、规格、性能和木材的含水率应符合设计要求。有隔声、隔热、阻燃和防潮等特殊要求的工程,材料应有相应性能等级的检验报告	观察;检查产品合格证书、进场验收记录、性能检测报告和复验报告	每个检验批应至少抽查 10％并不得少于 3 间,不足 3 间时应全数检查
	2	地梁	骨架隔墙地梁所用材料、尺寸及位置等应符合设计要求。骨架隔墙的沿地、沿顶及边框龙骨应与基体结构连接牢固	手扳检查;尺量检查;检查隐蔽工程验收记录	
	3	龙骨间距和构造连接	骨架隔墙中龙骨间距和构造连接方法应符合设计要求。骨架内设备管线的安装、门窗洞口等部位加强龙骨应安装牢固、位置正确,填充材料的品种、厚度及设置应符合设计要求	检查隐蔽工程验收记录	
	4	防火、防腐	木龙骨及木墙面板的防火和防腐处理应符合设计要求		
	5	墙面板安装	骨架隔墙的墙面板应安装牢固,无脱层、翘曲、折裂及缺损	观察;手扳检查	
	6	接缝材料	墙面板所用接缝材料的接缝方法应符合设计要求	观察	
一般项目	1	表面质量	骨架隔墙表面应平整光滑、色泽一致、洁净、无裂缝,接缝应均匀、顺直	观察;手摸检查	
	2	孔洞、槽、盒要求	骨架隔墙上的孔洞、槽、盒应位置正确、套割吻合、边缘整齐	观察	
	3	填充材料要求	骨架隔墙内的填充材料应干燥,填充应密实、均匀,无下坠	轻敲检查;检查隐蔽工程验收记录	
	4	安装允许偏差	安装的允许偏差和检验方法应符合表 5-25 的规定	见表 5-25	

表 5-25　骨架隔墙工程安装的允许偏差和检验方法

项次	项　目	允许偏差/mm		检验方法
		纸面石膏板	人造木板、水泥纤维板	
1	立面垂直度	3	4	用 2 m 垂直检测尺检查
2	表面平整度	3	3	用 2 m 靠尺和塞尺检查
3	阴阳角方正	3	3	用 200 mm 直角检测尺检查
4	接缝直线度	—	3	拉 5 m 线,不足 5 m 拉通线,用钢直尺检查
5	压条直线度	—	3	
6	接缝高低差	1	1	用钢直尺和塞尺检查

例题 5-5　某大学图书馆进行装修改造,根据施工设计和使用功能的要求,采用大量的轻质隔墙。外墙采用建筑幕墙,承揽该装修改造工程的施工单位根据规定,对工程细部构造施工质量的控制做了大量的工作。

该施工单位在轻质隔墙施工过程中提出以下技术要求:

(1) 板材隔墙施工过程中如遇到门洞,应从两侧向门洞处依次施工。

(2) 石膏板安装牢固时,隔墙端部的石膏板与周围的墙、柱应留有 10 mm 的槽口,槽口处加泛嵌缝膏,使面板与邻近表面接触紧密。

(3) 当轻质隔墙下端用木踢脚覆盖时,饰面板应与地面留有 5~10 mm 缝隙。

(4) 石膏板的接缝缝隙应保证 8~10 mm。

问题:

(1) 建筑装饰装修工程的细部构造是指哪些子分部工程中的细部节点构造?

(2) 轻质隔墙按构造方式和所用材料的种类不同可分为哪几种类型?石膏板属于哪种轻质隔墙?

(3) 逐条判断该施工单位在轻质隔墙施工过程中提出的技术要求正确与否。若不正确,请改正。

(4) 轻质隔墙的节点处理主要包括哪几项?

答案:

(1) 指地面、抹灰、门窗、吊顶、轻质隔墙、饰面板(砖)、涂饰、裱糊与软包、细部工程 9 个子分部工程。

(2) 可分为板材隔墙、骨架隔墙、活动隔墙、玻璃隔墙四种类型。石膏板属于骨架隔墙。

(3) 第(1) 条不正确。

正确做法:板材隔墙施工过程中,当有门洞口时,应从门洞口处向两侧依次进行;当无洞口时,应从一端向另一端顺序安装。

第(2) 条不正确。

正确做法:石膏板安装牢固时隔墙端部的石膏板与周围的墙、柱应留有 3 mm 的槽口。

第(3) 条不正确。

正确做法:当轻质隔墙下端用木踢脚覆盖时,饰面板应与地面留有 20~30 mm 缝隙。

第(4) 条不正确。

正确做法:石膏板的接缝缝隙宜为 3~6 mm。

(4) 主要包括接缝处理、防腐处理和踢脚处理。

任务 6 饰面板(砖)工程质量控制与验收

饰面板工程验收时应检查饰面板(砖)工程的施工图、设计说明及其他设计文件,材料的产品合格证书、性能检验报告、进场验收记录和复验报告,后置埋件的现场拉拔检测报告,满粘法施工的外墙石板和外墙陶瓷板粘结强度检验报告,隐蔽工程验收记录,施工记录。

饰面板工程应对下列材料及其性能指标进行复验:室内用花岗石的放射性、室内用人造木板的甲醛释放量;水泥基粘结料的粘结强度;外墙陶瓷面砖的吸水率;严寒和寒冷地区外墙陶瓷板的抗冻性。

饰面板工程应对下列隐蔽工程项目进行验收:预埋件(或后置埋件);龙骨安装;连接节点;防水、保温、防火节点;外墙金属板防雷连接节点。

各分项工程的检验批应按下列规定划分:相同材料、工艺和施工条件的室内饰面板(砖)工程每 50 间应划分为一个检验批,不足 50 间也应划分为一个检验批,大面积房间和走廊按饰面板面积每 30 m² 为一间;相同材料、工艺和施工条件的室外饰面板(砖)工程每 1000 m² 应划分为一个检验批,不足 1000 m² 也应划分为一个检验批。

一、饰面板安装工程

1. 质量控制点

(1) 适用于内墙饰面板安装工程和高度不大于 24 m、抗震设防烈度不大于 8 度的外墙饰面板安装工程的质量验收。

(2) 饰面板工程的抗震缝、伸缩缝、沉降缝等部位的处理应保证缝的使用功能和饰面的完整性。

2. 检验批施工质量验收

饰面板安装工程的质量检验标准见表 5-26。

表 5-26　饰面板安装工程质量检验标准

项	序	项　目	检验标准及要求	检查方法	检查数量
主控项目	1	材料质量	饰面板的品种、规格、颜色和性能应符合设计要求及国家现行标准的有关规定	观察;检查产品合格证、进场验收记录、性能检测报告	室内每个检验批应至少抽查10%并不得少于3间,不足3间时应全数检查;室外每个检验批每100 m²应至少抽查一处,每处不得小于10 m²
	2	饰面板孔、槽	饰面板孔、槽的数量、位置和尺寸应符合设计要求	检查进场验收记录和施工记录	
	3	饰面板安装	饰面板安装工程的预埋件(或后置埋件)、连接件的数量、规格、位置、连接方法和防腐处理必须符合设计要求。后置埋件的现场拉拔力应符合设计要求。饰面板安装应牢固	手扳检查;检查进场验收记录、现场拉拔检验报告、隐蔽工程验收记录和施工记录	
	4	满粘法施工要求	采用满粘法施工的饰面板工程,饰面板与基层之间的粘结料应饱满、无空鼓。饰面板粘结应牢固	用小锤轻击检查;检查施工记录;检查外墙饰面板粘结强度检验报告	

续表

项	序	项 目	检验标准及要求	检 查 方 法	检查数量
一般项目	1	饰面板表面质量	饰面板表面应平整、洁净、色泽一致,无裂痕和缺损。饰面材表面应无泛碱等污染	观察	同主控项目
	2	饰面板嵌缝	饰面板嵌缝应密实、平直,宽度和深度应符合设计要求,嵌缝材料色泽应一致	观察;尺量检查	
	3	湿作业法施工	采用湿作业法施工的饰面板安装工程,石材应进行防碱封闭处理。饰面板与基体之间的灌注材料应饱满、密实	用小锤轻击检查;检查施工记录	
	4	饰面板上的孔洞	应套割吻合,边缘应整齐	观察	
	5	安装的允许偏差	安装的允许偏差和检验方法应符合表5-27的规定	见表5-27	

表5-27 饰面板安装的允许偏差和检验方法

项 次	项 目	允许偏差/mm			检 验 方 法
		光面	剁斧石	蘑菇石	
1	立面垂直度	2	3	3	用2 m垂直检测尺检查
2	表面平整度	2	3	—	用2 m靠尺和塞尺检查
3	阴阳角方正	2	4	4	用200 mm直角检测尺检查
4	接缝直线度	2	4	4	拉5 m线,不足5 m拉通线,用钢直尺检查
5	墙裙、勒脚上口直线度	2	3	3	
6	接缝高低差	1	3	—	用钢直尺和塞尺检查
7	接缝宽度	1	2	2	用钢直尺检查

二、饰面砖粘贴工程

1. 质量控制点

(1)适用于内墙饰面砖粘贴工程和高度不大于100 m、抗震设防烈度不大于8度、采用满粘法施工的外墙饰面砖粘贴等分项工程的质量验收。

(2)外墙饰面砖工程施工前,应在待施工基层上做样板,并对样板的饰面砖粘结强度进行检验,其检验方法和结果判定应符合现行行业标准《建筑工程饰面砖粘结强度检验标准》(JGJ/T 110)的规定。

2. 检验批施工质量验收

内墙饰面砖粘贴工程的质量检验标准见表5-28。

表 5-28　内墙饰面砖粘贴工程质量检验标准

项目	序	项目	检验标准及要求	检查方法	检查数量
主控项目	1	饰面砖质量	内墙饰面砖的品种、规格、图案、颜色和性能应符合设计要求	观察;检查产品合格证、进场验收记录、性能检验报告、复验报告	室内每个检验批应至少抽查10%并不得少于3间,不足3间时应全数检查;室外每个检验批每100 m² 应至少抽查一处,每处不得小于10 m²
	2	饰面砖粘贴材料	内墙饰面砖粘贴工程的找平、防水、粘结和填缝材料及施工方法应符合设计要求及国家现行标准的有关规定	检查产品合格证书、复验报告和隐蔽工程验收记录	
	3	饰面砖粘贴	内墙饰面砖粘贴必须牢固	手拍检查,检查施工记录	
	4	满粘法施工	满粘法施工的内墙饰面砖工程应无裂缝,大面和阳角应无空鼓	观察;用小锤轻击检查	
一般项目	1	表面质量	内墙饰面砖表面应平整、洁净、色泽一致,无裂痕和缺损	观察	
	2	墙面突出物	内墙面突出物周围的饰面砖应整砖套割吻合,边缘应整齐。墙裙、贴脸突出墙面的厚度应一致	观察,尺量检查	
	3	接缝、填嵌	内墙饰面砖接缝应平直、光滑,填嵌应连续、密实;宽度和深度符合设计要求		
	4	允许偏差	安装的允许偏差和检验方法应符合表 5-29 的规定	见表 5-29	

表 5-29　内墙饰面砖粘贴的允许偏差和检验方法

项次	项目	允许偏差/mm	检验方法
1	立面垂直度	2	用 2 m 垂直检测尺检查
2	表面平整度	3	用 2 m 靠尺和塞尺检查
3	阴阳角方正	3	用 200 mm 直角检测尺检查
4	接缝直线度	2	拉 5 m 线,不足 5 m 拉通线,用钢直尺检查
5	接缝高低差	1	用钢直尺和塞尺检查
6	接缝宽度	1	用钢直尺检查

例题 5-6　某建筑公司承建了一地处繁华市区的带地下车库的大厦工程,工程紧邻城市主要干道,施工现场狭窄,施工现场入口处设立了"五牌"和"两图"。工程主体 9 层,地下 3 层,建筑面积 20 000 m²,基础开挖深度 12 m,地下水位 3 m。大厦 2~12 层室内采用天然大理石饰面,大理石饰面板进场检查记录如下:天然大理石建筑板材,规格 600 mm×450 mm,厚度 18 mm,一等品。2007 年 6 月 6 日,石材进场后专业班组就开始从第 12 层开始安装。为便于灌浆操作,操作人员将结合层的砂浆厚度控制在 18 mm,每层板材安装后分两次灌浆。

2007 年 6 月 6 日,专业班组请项目专职质检员检验 12 层走廊墙面石材饰面,结果发现局部大理石饰面产生不规则的花斑,沿墙高的中下部位空鼓的板块较多。

问题:

试述装饰装修工程质量问题产生的原因和治理方法。

答案:

大理石饰面板产生的不规则花斑,俗称泛碱现象。

原因分析如下。

①采用传统的湿作业法安装天然石材,施工时由于水泥砂浆在水化时析出大量的氧化钙泛到石材表面,就会产生不规则的花斑,即泛碱。泛碱现象严重影响建筑物室内外石材饰面的观感效果。

②本案例背景中石材进场验收时记录为"天然大理石建筑板材",按照《天然大理石建筑板材》(GB/T 19766)标准,说明石材饰面板进场时没有进行防碱背涂处理。2007年6月6日,石材进场后专业班组就开始从第12层开始粘贴施工,说明施工班组施工前也没有做石材饰面板防碱背涂处理的技术准备工作。防碱背涂处理是需要技术间歇的,本案例背景中没有这样的背景条件或时间差。

治理方法如下。

针对12层出现的"泛碱"缺陷,项目专业质量检查员应拟定返工处理意见。担任该工程项目经理的建造师应采纳项目专业质量检查员的处理意见,并决定按预防措施进行返工;同时,针对2~12层的施工组织制定预防措施。

预防措施如下。

进行施工技术交底,确保在天然石材安装前,对石材饰面板采用"防碱背涂剂"进行背涂处理,并选用碱含量低的水泥作为结合层的拌合料。

例题5-7 某装饰公司承接了寒冷地区某教学楼的室内、外装饰工程。其中,室内地面采用地面砖镶贴,吊顶工程部分采用木龙骨,室外部分墙面为铝板幕墙,采用进口硅酮结构密封胶、铝塑复合板,其余外墙为加气混凝土外镶贴陶瓷砖。施工过程中,发生如下事件。

事件一:因木龙骨为甲方提供材料,施工单位未对木龙骨进行检验和处理就用到工程上。施工单位对新进场外墙陶瓷砖和内墙砖的吸水率进行了复试,对铝塑复合板核对了产品质量证明文件。

事件二:在送检时,为赶工期,施工单位未经监理许可就进行了外墙饰面砖镶贴施工,待复检报告出来,部分指标未能达到要求。

事件三:外墙面砖施工前,工长安排工人在陶粒空心砖墙面上做了外墙饰面砖样板件,并对其质量验收进行了允许偏差的检验。

问题:

(1)进口硅酮结构密封胶使用前应提供哪些质量证明文件和报告?事件一中,施工单位对甲方提供的木龙骨是否需要检查验收?木龙骨使用前应进行什么技术处理?

(2)事件一中,外墙陶瓷砖复试还应包括哪些项目?是否需要进行内墙砖吸水率复试?铝塑复合板应进行什么项目的复验?

(3)事件二中,施工单位的做法是否妥当?为什么?

(4)指出事件三中外墙饰面砖样板件施工中存在的问题,写出正确做法,补充外墙饰面砖质量验收的其他检验项目。

答案:

（1）进口硅酮结构密封胶使用前应提供出厂检验证明、产品质量合格证书、性能检测报告、进场验收记录和复验报告、有效期证明材料。

施工单位对甲方提供的木龙骨需要检验验收。

木龙骨使用前应进行防火处理。

（2）外墙陶瓷砖复试还应包括对外墙陶瓷砖的抗冻性进行复试。内墙砖不需要进行吸水率复试，应进行放射性检验。

铝塑复合板应进行剥离强度复验。

（3）不妥当。没有监理工程师的许可施工单位不得自行赶工，要按照之前编制的进度计划实施。

（4）应对样板件的饰面砖粘结强度进行检验；对外墙饰面砖隐蔽工程进行验收；进行平整度、表面粗糙度的检验，尺寸检验，饰面板嵌缝质量检验。

项目小结

本章主要介绍了建筑地面工程质量控制与验收、抹灰工程质量控制与验收、门窗工程质量控制与验收、吊顶工程质量控制与验收、轻质隔墙工程质量控制与验收及饰面板（砖）工程质量控制与验收等六大部分内容。

建筑地面工程质量控制与验收包括基层铺设工程质量控制与验收、整体面层铺设工程质量控制与验收和板块面层铺设工程质量控制与验收。

抹灰工程质量控制与验收包括一般抹灰工程质量控制与验收和装饰抹灰工程质量控制与验收。

门窗工程质量控制与验收包括金属门窗安装工程质量控制与验收、塑料门窗安装工程质量控制与验收和门窗玻璃安装工程质量控制与验收。

吊顶工程质量控制与验收包括整体面层吊顶工程质量控制与验收和板块面层吊顶工程质量控制与验收。

轻质隔墙工程质量控制与验收包括板材隔墙工程质量控制与验收和骨架隔墙工程质量控制与验收。

饰面板（砖）工程质量控制与验收包括饰面板安装工程质量控制与验收和饰面砖粘贴工程质量控制与验收。

 习 题

一、单项选择题

1.砖面层与下一层应结合（粘结）牢固，无空鼓，用（　　　）检查。

A.百格网　　　　　B.射线　　　　　　　C.雷达　　　　　　　D.小锤轻击

2.抹灰工程应对水泥的凝结时间和（　　　）进行复验。

A.密度　　　　　　B.质量　　　　　　　C.安定性　　　　　　D.强度

3. 室内墙面、柱面和门洞口的阳角做法应符合设计要求,设计无要求时,应采用 1∶2 水泥砂浆做暗护角,其高度不应低于(   )m,每侧宽度不应小于 50 mm。

A. 1.8   B. 2   C. 2.5   D. 3

4. 当抹灰总厚度(   )35 mm 时,应采取加强措施。

A. 小于   B. 大于   C. 等于   D. 大于等于

5. 单块玻璃大于(   )m² 时应使用安全玻璃。

A. 1   B. 1.5   C. 10   D. 15

6. 吊顶工程应对人造木板的(   )含量进行复验。

A. 有机物   B. 无机物   C. 乙醚   D. 甲醛

7. 木龙骨及木墙面板的(   )处理必须符合设计要求。

A. 防火   B. 防腐   C. 防火或防腐   D. 防火和防腐

8. 当吊杆长度大于(   )m 时,应设置反支撑。

A. 1.3   B. 1.4   C. 1.5   D. 1.6

9. 重型灯具、电扇及其他重型设备(   )安装在吊顶工程的龙骨上。

A. 可   B. 宜   C. 严禁   D. 应

10. 采用湿作业法施工的饰面板工程,石材应进行(   )处理。

A. 打胶   B. 防碱背涂   C. 界面剂   D. 毛化

二、思考题

1. 简述抹灰工程的质量控制点。

2. 简述吊顶工程的质量控制点。

3. 简述饰面板(砖)工程的适用条件。

三、案例题

某建筑装饰装修工程,业主与承包商签订的施工合同协议条款约定如下。

工程概况:该工程为现浇混凝土框架结构,18 层,建筑面积 110 000 m²,平面呈"L"形,在平面变形处设有一道变形缝,结构工程于 2007 年 6 月 28 日已验收合格。

施工范围:首层到 18 层的公共部分,包括各层电梯厅、卫生间及首层大堂等的建筑装饰装修工程,建筑装饰装修工程建筑面积 13 000 m²。

质量等级:合格。

工期:2007 年 7 月 6 日开工,2007 年 12 月 28 日竣工。

开工前,建筑工程专业建造师(担任项目经理,下同)主持编制施工组织设计时拟定的施工方案以变形缝为界,分两个施工段施工,并制定了详细的施工质量检验计划,明确了分部(子分部)工程、分项工程的检查点。其中,第三层铝合金门窗工程检查点的检查时间为 2007 年 9 月 16 日。

问题:

1. 该建筑装饰装修工程的分项工程应如何划分检验批?

2. 第三层门窗工程 2007 年 9 月 16 日如期安装完成,建筑工程专业建造师安排由资料员填写质量验收记录,项目专业质量检查员代表企业参加验收,并签署检查评定结果,项目专业质量检查员签署的检查评定结果为合格。请问该建造师的安排是否妥当?质检员如何判定门窗工程检验批是否合格?

3.2007年10月22日铝合金门窗安装全部完工，建筑工程专业建造师安排由项目专业质量检查员参加验收，并记录检查结果，签署检查评价结论。请问该建造师的安排是否妥当？如何判定铝合金门窗安装工程是否合格？

4.2007年11月16日门窗工程全部完工，具备规定的检查文件和记录，规定的有关安全和功能的检测项目检测合格。为此，建筑工程专业建造师签署了该子分部工程检查记录，并交监理单位（建设单位）验收。请问该建造师的做法正确吗？

5.2007年12月28日工程如期竣工，建筑工程专业建造师应如何选择验收方案？如何确定该工程是否具备竣工验收条件？单位工程观感质量如何评定？

6.综合以上问题，按照过程控制方法，建筑装饰装修工程质量验收有哪些过程？

学习情境 6

建筑工程安全管理

教学目标

知识目标

1. 了解施工现场管理与文明施工要点。

2. 熟悉土方工程、脚手架工程、模板工程安全技术要点。

3. 掌握垂直运输机械和施工防火安全要求。

能力目标

1. 能进行施工现场管理和文明施工。

2. 能进行建筑工程施工安全管理。

任务 1 施工现场管理与文明施工

一、场容管理

1. 施工现场的划分

施工现场按照功能可划分为施工作业区、辅助作业区、材料堆放区及办公生活区。施工现场的办公生活区应当与作业区分开设置，并保持安全距离。办公生活区应当设置到在建建筑物的坠落半径之外，并与作业区之间设置防护设施，若设置到在建建筑物的坠落半径之内，则必须采取可靠的防砸措施。功能区规划还应考虑交通、水电、消防、卫生、环保等因素。

2. 场地与道路

场地应平整，无障碍物、无坑洼，雨季不积水。施工现场应具有良好的排水系统，设置排水沟和沉淀池，现场废水不得直接排入市政污水管网和河流。现场存放的油料、化学溶剂等应设有专门的库房，地面应进行防渗漏处理。地面应经常洒水，对粉尘进行覆盖遮挡。

施工现场的道路应畅通，应为循环干道，以满足运输、消防要求。主干道应当平整坚实且有排水措施，硬化材料可以采用混凝土或预制块，保证不沉陷、不扬尘，防止泥土带入市政道路。主干道宽度不宜小于 3.5 m，载货汽车转弯半径不宜小于 15 m。道路的布置要与现场的材料堆场、仓库等相协调，尽可能利用永久性道路。

3. 围挡与大门

围挡应沿工地四周连续设置，不得留有缺口，并应根据地质、气候、围挡材料等进行设计，确保围挡的稳定、安全，高度应高于 1.8 m。围挡材料应坚固、整洁、美观，宜选用砌体、金属板材等硬质材料，不宜使用彩布条、安全网等。禁止在围挡内侧堆放泥土、砂石等散状材料及模板，严禁将围挡作为挡土墙使用。雨后、大风后及春融季节应当检查围挡的稳定性，若发现问题应及时处理。

施工现场应当有固定的出入口，出入口处应设置大门。大门应牢固美观，大门上应标有企业名称或企业标识。出入口应设置专职的保卫人员，并制定门卫管理制度及交接班记录制度。施工现场的工作人员应当佩戴工作卡。

4. 临时设施

1）宿舍

（1）应当设置在通风、干燥的位置，防止雨水、污水流入。

（2）不得在尚未竣工的建筑物内设置员工集体宿舍。

（3）宿舍必须设置可开启式窗户和外开门。

（4）宿舍内应保证必要的生活空间，室内净高不得小于 2.4 m，通道宽度不得小于 0.9 m，每间宿舍居住人员不应超过 16 人。

（5）宿舍内的单人铺不得超过 2 层，严禁使用通铺，床铺应高于地面 0.3 m，人均床铺面积不得小于 1.9 m×0.9 m，床铺间距不得小于 0.3 m。

（6）宿舍内应设置生活用品专用柜，有条件的宿舍宜设置生活用品储藏室；宿舍内严禁存放施工材料、施工机具和其他杂物。

（7）宿舍周围应搞好环境卫生，应设置垃圾桶、鞋柜或鞋架，生活区内应为作业人员提供晾晒衣物的场地，房屋外道路应平整，夜间应有充足的照明。

（8）寒冷地区冬季应有保暖措施和防煤气中毒措施，炎热季节应有消暑措施和防蚊虫叮咬措施。

（9）应当制定宿舍管理使用责任制，居住人员轮流负责卫生或安排专人负责。

2）食堂

（1）应当设置在通风、干燥的位置，防止雨水、污水流入。应保持环境卫生，设置在远离厕所、垃圾站、有毒有害场所等污染源的地方，装修材料必须符合环保、消防要求。

（2）应设置独立的制作间、储藏间。

（3）应配备必要的排风设施和冷藏设施，安装纱门纱窗，室内不得有蚊蝇，门下方应设置不低于 0.2 m 的防鼠挡板。

（4）燃气罐应单独设置存放间，存放间应通风良好并严禁存放其他物品。

（5）灶台及其周边应贴瓷砖，瓷砖高度不宜小于 1.5 m；地面应做硬化和防滑处理，并按规定设置污水排放设施。

（6）制作间的刀、盆、案板等炊具必须生熟分开，食品必须有遮盖，遮盖物品应有正反面标识，炊具宜存放在封闭的橱柜内。

（7）应有存放各种佐料和副食的密闭器皿，其上应有标识，粮食存放台与墙、地的距离应大于 0.2 m。

（8）食堂外应设有密闭式泔水桶，并应及时清运。

（9）应制定并在食堂张挂食堂卫生责任制，责任落实到人，加强管理。

3）厕所

（1）厕所大小应根据施工现场作业人员的数量设置。

（2）高层建筑物施工超过 8 层以后，每隔 4 层宜设置临时厕所。

（3）应设置水冲式或移动式厕所，厕所地面应硬化，门窗应齐全。蹲坑间宜设置隔板，其高度不宜低于 0.9 m。

（4）厕所应安排专人负责，定时清扫、冲刷、消毒，以防蚊蝇滋生，化粪池应及时清掏。

5. 五牌一图与安全警示标志

施工现场的进口处应有整齐明显的"五牌一图"，"五牌"是指工程概况牌、管理人员名单及监督电话牌、消防保卫牌、安全生产牌、文明施工牌；"一图"是指施工现场总平面图。

安全警示标志是指提醒人们注意的各种标牌、文字、符号以及灯光等。一般来说，安全警示标志包括安全色和安全标志。安全色有红、黄、蓝、绿四种颜色,分别表示禁止、警告、指令和提示。安全标志有禁止标志、警告标志、指令标志和提示标志。施工现场入口处、施工起重机械、临时用电设施、脚手架、出入通道口、楼梯口、电梯井口、孔洞口、基坑边缘、爆破物及有害危险气体和液体存放处等均属于危险部位,应当设置明显的安全警示标志。

二、卫生保健与环境保护

1. 卫生保健

(1) 施工现场应设置保健卫生室,配备保健药箱、常用药及绷带、止血带、颈托、担架等急救器材,小型工程可以采用办公用房兼作保健卫生室。

(2) 施工现场应当配备兼职或专职急救人员,以处理伤员和职工保健,并对生活卫生进行监督和定期检查食堂的饮食等卫生情况。

(3) 要利用板报等形式向职工介绍防病的知识和方法,做好对职工卫生防病的宣传教育工作,特别是针对季节性流行病、传染病等进行宣传教育。

(4) 当施工现场的作业人员发生法定传染病、食物中毒、急性职业中毒时,必须在 2 h 内向事故发生所在地的建设行政主管部门和卫生防疫部门报告,并应积极配合调查处理。

(5) 现场施工人员患有法定的传染病或有病源携带者时,应及时对其进行隔离,并由卫生防疫部门进行处置。

2. 环境保护

1) 防治大气污染

(1) 施工现场应采取硬化措施,即主要道路、料场、生活办公区都必须进行硬化处理,土方也应集中堆放。裸露的场地和集中堆放的土方应采取覆盖、固化或绿化等措施。

(2) 使用密目式安全网对在建建筑物进行封闭,防止施工过程中产生扬尘;拆除旧有建筑物时,应采用隔离、洒水等措施防止扬尘,并应在规定期限内将废弃物清理完毕;不得在施工现场熔融沥青,严禁在施工现场焚烧含有毒、有害化学成分的装饰废料、油毡、油漆、垃圾等各种废弃物。

(3) 从事土方、渣土和施工垃圾运输时,应采用密闭式运输车辆或采取覆盖措施。

(4) 施工现场的出入口处应有保证车辆清洁的措施。

(5) 水泥和其他易飞扬的细颗粒建筑材料应密闭存放,砂石等散料也应采取覆盖措施。混凝土搅拌场所应采取封闭、降尘措施。

(6) 建筑物内施工垃圾应采用专用的封闭式容器吊运,严禁凌空抛撒施工垃圾。

2) 防治水污染

(1) 施工现场应设置排水沟及沉淀池,现场废水不得直接排入市政污水管网和河流。

(2) 现场存放的油料、化学溶剂等应设有专门的库房,地面应进行防渗漏处理。

(3) 食堂应设置隔油池,并应及时对其清理。

(4) 厕所的化粪池应进行抗渗处理。

(5) 食堂、盥洗室、淋浴间的下水管线应设置隔离网,并应与市政污水管线连接,以保证排水畅通。

3）防治施工噪声污染

（1）施工现场的强噪声设备宜设置在远离居民区的一侧。

（2）对因生产工艺要求或其他特殊需要而确需在22时至次日6时期间进行强噪声施工的，在施工前建设单位和施工单位应到有关部门提出申请，经批准后方可进行夜间施工，并公告附近居民。

（3）夜间运输材料的车辆进入施工现场时，严禁鸣笛，且装卸材料时应做到轻拿轻放。

（4）使用产生噪声和振动的施工机械、机具时，应当采取消声、吸声、隔声等有效控制措施来降低噪声。

4）防治施工照明污染

夜间施工应严格按照建设行政主管部门和其他有关部门的规定执行，对施工照明器具的种类、灯光亮度应予以严格控制，特别是在城市市区的居民居住区内，应减少施工照明对城市居民的危害。

5）防治施工固体废弃物污染

施工车辆运输砂石、土方、渣土和建筑垃圾时，应采取密封、覆盖措施，避免泄漏、遗撒，并按指定地点倾卸，以防止固体废弃物污染环境。

任务 2 土方工程

一、土方工程安全规定

1. 基本规定

（1）土方工程施工应由具有相应资质及安全生产许可证的企业承担。

（2）土方工程应编制专项施工安全方案，并应严格按照方案实施。

（3）施工前应针对安全风险进行安全教育及安全技术交底。特种作业人员必须持证上岗，机械操作人员应经过专业技术培训。

（4）施工现场发现危及人身安全和公共安全的隐患时，必须立即停止作业，排除隐患后方可恢复施工。

（5）在土方施工过程中，当发现古墓、古物等地下文物或其他不能辨认的液体、气体及异物时，应立即停止作业，作好现场保护，并报有关部门处理后方可继续施工。

2. 机械设备安全的一般规定

（1）土方施工的机械设备应有出厂合格证书。必须按照出厂使用说明书规定的技术性能、承载能力和使用条件等要求，正确操作，合理使用，严禁超载作业或任意扩大使用范围。

（2）新购、经过大修或技术改造的机械设备,应按有关规定要求进行测试和试运转。

（3）机械设备应定期进行维修保养,严禁带故障作业。

（4）机械设备进场前,应对现场和行进道路进行踏勘。不满足通行要求的地段应采取必要的措施。

（5）作业前应检查施工现场,查明危险源。机械作业不宜在地下电缆或燃气管道等2 m半径范围内进行。

（6）作业时操作人员不得擅自离开岗位或将机械设备交给其他无证人员操作,严禁疲劳和酒后作业。严禁无关人员进入作业区和操作室。机械设备连续作业时,应遵守交接班制度。

（7）配合机械设备作业的人员,应在机械设备的回转半径以外工作;当在回转半径内作业时,必须有专人协调指挥。

（8）遇下列情况之一时应立即停止作业:

①填挖区土体不稳定、有坍塌可能;

②地面涌水冒浆,出现陷车或因下雨发生坡道打滑;

③发生大雨、雷电、浓雾、水位暴涨及山洪暴发等情况;

④施工标志及防护设施被损坏;

⑤工作面净空不足以保证安全作业;

⑥出现其他不能保证作业和运行安全的情况。

（9）机械设备运行时,严禁接触转动部位和进行维修。

（10）夜间工作时,现场必须有足够照明;机械设备照明装置应完好无损。

（11）机械设备在冬期使用,应遵守有关规定。

（12）冬、雨期施工时,应及时清除场地和道路上的冰雪、积水,并应采取有效的防滑措施。

（13）作业结束后,应将机械设备停在安全地带。操作人员非作业时间不得停留在机械设备内。

3. 场地平整

1）一般规定

（1）作业前应查明地下管线、障碍物等情况,制定处理方案后方可开始场地平整工作。

（2）土石方施工区域应在行车行人可能经过的路线点处设置明显的警示标志。有爆破、塌方、滑坡、深坑、高空滚石、沉陷等危险的区域应设置防护栏栅或隔离带。

（3）施工现场临时用电应符合现行行业标准《施工现场临时用电安全技术规范》(JGJ 46)的规定。

（4）施工现场临时供水管线应埋设在安全区域,冬期应有可靠的防冻措施。供水管线穿越道路时应有可靠的防振防压措施。

2）场地平整

（1）场地内有洼坑或暗沟时,应在平整时填埋压实。未及时填实的,必须设置明显的警示标志。

（2）雨期施工时,现场应根据场地泄排量设置防洪排涝设施。

（3）施工区域不宜积水。当积水坑深度超过500 mm时,应设安全防护措施。

（4）有爆破施工的场地应设置保证人员安全撤离的通道和庇护场所。

（5）在房屋旧基础或设备旧基础的开挖清理过程中,当旧基础埋置深度大于2.0 m时,不宜采用人工开挖和清除;对旧基础进行爆破作业时,应按相关标准的规定执行;土质均匀且地下水位低于旧基础底部,开挖深度不超过限值时,其挖方边坡可作成直立壁不加支撑。开挖深度超过下列限值时,应按规范规定放坡或采取支护措施。

①稍密的杂填土、素填土、碎石类土、砂土1 m;

②密实的碎石类土(充填物为黏土)1.25 m;

③可塑状的黏性土1.5 m;

④硬塑状的黏性土2 m。

(6)当现场堆积物高度超过1.8 m时,应在四周设置警示标志或防护栏;清理时严禁掏挖。

(7)在河、沟、塘、沼泽地(滩涂)等场地施工时,应了解淤泥、沼泽的深度和成分,并应符合下列规定:

①施工中做好排水工作;对有机质含量较高、有刺激臭味及淤泥厚度大于1.0 m的场地,不得采用人工清淤;

②根据淤泥、软土的性质和施工机械的重量,可采用抛石挤淤或木(竹)排(筏)铺垫等措施,确保施工机械移动作业安全;

③施工机械不得在淤泥、软土上停放、检修;

④第一次回填土的厚度不得小于0.5 m。

(8)围海造地填土时,应遵守下列安全技术规定:

①填土的方法、回填顺序应根据冲(吹)填方案和降排水要求进行;

②配合填土作业人员,应在冲(吹)填作业范围外工作;

③第一次回填土的厚度不得小于0.8 m。

3)场地道路

(1)施工场地修筑的道路应坚固、平整。

(2)道路宽度应根据车流量进行设计且不宜少于双车道,道路坡度不宜大于100。

(3)路面高于施工场地时,应设置明显可见的路险警示标志;其高差超过600 mm时应设置安全防护栏。

(4)道路交叉路口车流量超过300车次/d时,宜在交叉路口设置交通指示灯或指挥岗。

二、基坑工程

1.一般规定

(1)基坑工程应按现行行业标准《建筑基坑支护技术规程》(JGJ 120)进行设计;必须遵循先设计后施工的原则;应按设计和施工方案要求,分层、分段、均衡开挖。

(2)基坑工程应编制应急预案。

(3)土方开挖前,应查明基坑周边影响范围内建(构)筑物、上下水、电缆、燃气、排水及热力等地下管线情况,并采取措施保护其使用安全。

(4)开挖深度范围内有地下水时,应采取有效的地下水控制措施。

2.基坑开挖的防护

1)防护栏杆

(1)基坑开挖深度超过2 m时,周边必须安装防护栏杆。

（2）防护栏杆应由横杆和立杆组成,高度不应低于 1.2 m。横杆应设 2～3 道,下杆离地面高度宜为 0.3～0.6 m,上杆离地面高度宜为 1.2～1.5 m,立杆间距不宜大于 2.0 m,立杆离坡边距离宜大于 0.5 m。

（3）防护栏杆宜加挂密目安全网和挡脚板;安全网应自上而下封闭设置;挡脚板高度不应小于 180 mm,挡脚板下沿离地面高度不应大于 10 mm。

2）专用梯道

基坑内宜设置供施工人员上下的专用梯道,梯道应设扶手栏杆,梯道的宽度不应小于 1 m。梯道的搭设应符合相关安全规范的要求。

同一垂直作业面的上下层不宜同时作业,需同时作业时,上下层之间应采取隔离防护措施。基坑支护结构及边坡顶面等有坠落可能的物件时,应先行拆除或加以固定。

3. 作业要求

（1）在电力管线、通信管线、燃气管线 2 m 范围内及上下水管线 1 m 范围内挖土时,应有专人监护。

（2）基坑支护结构必须在达到设计要求的强度后,方可开挖下层土方,严禁提前开挖和超挖。施工过程中,严禁设备或重物碰撞支撑、腰梁、锚杆等基坑支护结构,亦不得在支护结构上放置或悬挂重物。

（3）基坑边坡的顶部应设排水措施。基坑底四周宜设排水沟和集水井,并及时排除积水。基坑挖至坑底时应及时清理基底并浇筑垫层。

（4）对人工开挖的狭窄基槽或坑井,开挖深度较大并存在边坡塌方危险时,应采取支护措施。

（5）地质条件良好、土质均匀且无地下水的自然放坡的坡率允许值应根据地方经验确定。当无经验时,可按表 6-1 的规定采用。

表 6-1　自然放坡的坡率允许值

边坡土体类别	状　态	坡率允许值（高宽比）	
		坡高小于 5 m	坡高 5～10 m
碎石土	密实	1：0.35～1：0.50	1：0.50～1：0.75
	中密	1：0.50～1：0.75	1：0.75～1：1.00
	稍密	1：0.75～1：1.00	1：1.00～1：1.25
黏性土	坚硬	1：0.75～1：1.00	1：1.00～1：1.25
	硬塑	1：1.00～1：1.25	1：1.25～1：1.50

注:1.表中碎石土的充填物为坚硬或硬塑状态的黏性土;
　　2.对于砂土填充或充填物为砂石的碎石土,其边坡坡率允许值应按自然休止角确定。

（6）在软土场地上挖土,当机械不能正常行走和作业时,应对挖土机械行走路线用铺设渣土或砂石等方法进行硬化。

（7）场地内有孔洞时,土方开挖前应将其填实。

（8）遇异常软弱土层、流砂（土）、管涌,应立即停止施工,并及时采取措施。

（9）除基坑支护设计允许外,基坑边不得堆土、堆料、放置机具。

（10）采用井点降水时,井口应设置防护盖板或围栏,设置明显的警示标志。降水完成后,应及时将井填实。

（11）施工现场应采用防水型灯具,夜间施工的作业面及进出道路应有足够的照明措施和安全警示标志。

4.险情预防

（1）深基坑开挖过程中必须进行基坑变形监测,监测的有关要求遵循现行国家标准《建筑基坑工程监测技术规范》(GB 50497),发现异常情况应及时采取措施。

（2）土方开挖过程中,应定期对基坑及周边环境进行巡视,随时检查基坑位移、倾斜、土体及周边道路沉陷或隆起、地下水涌出、管线开裂、不明气体冒出和基坑防护栏杆的安全性等。

（3）在冰雹、大雨、大雪、风力 6 级及以上强风等恶劣天气之后,应及时对基坑和安全设施进行检查。

（4）当基坑开挖过程中出现位移超过预警值、地表裂缝或沉陷等情况时,应及时报告有关方面。出现塌方险情等征兆时,应立即停止作业,组织撤离危险区域,并立即通知有关方面进行研究处理。

三、边坡工程

边坡工程应按现行国家标准《建筑边坡工程技术规范》(GB 50330)进行设计;应遵循先设计后施工、边施工边治理、边施工边监测的原则。边坡开挖施工区域应有临时排水及防雨措施。

边坡开挖前,应清除边坡上方已松动的石块及可能崩塌的土体。

1. 作业要求

1）临时性挖方边坡

临时性挖方边坡的坡率应按表 6-1 的规定采用。

2）不稳定或欠稳定的边坡

对土石方开挖后不稳定或欠稳定的边坡应根据边坡的地质特征和可能发生的破坏形态,采取有效处置措施。

3）土方开挖要求

土石方开挖应按设计要求自上而下分层实施,严禁随意开挖坡脚。开挖至设计坡面及坡脚后,应及时进行支护施工,尽量减少暴露时间。

4）山区挖填方

在山区挖填方时,应遵循以下规定:

（1）土石方开挖宜自上而下分层分段依次进行,并应确保施工作业面不积水。

（2）在挖方的上侧和回填土尚未压实或临时边坡不稳定的地段不得停放、检修施工机械和搭建临时建筑。

（3）在挖方的边坡上如发现岩（土）内有倾向挖方的软弱夹层或裂隙面时,应立即停止施工,并应采取防止岩（土）下滑措施。

（4）山区挖填方工程不宜在雨期施工。当需在雨期施工时,应随时掌握天气变化情况,暴雨前应采取防止边坡坍塌的措施;对施工现场原有排水系统进行检查、疏浚或加固,并采取必要的防洪措施;随时检查施工场地和道路的边坡被雨水冲刷情况,做好防止滑坡、坍塌工作,保证施工安全;道路路面应根据需要加铺炉渣、砂砾或其他防滑材料,确保施工机械作业安全。

5) 滑坡地段挖方

在有滑坡地段进行挖方时,应遵循下列规定:

(1) 遵循先整治后开挖的施工程序;

(2) 不得破坏开挖上方坡体的自然植被和排水系统;

(3) 应先做好地面和地下排水;

(4) 严禁在滑坡体上部堆土、堆放材料、停放施工机械或搭设临时设施;

(5) 应遵循由上而下的开挖顺序,严禁在滑坡的抗滑段通长大断面开挖;

(6) 爆破施工时,应采取减振和监测措施防止爆破振动对边坡和滑坡体的影响。

6) 人工开挖

人工开挖时应遵守下列规定:

(1) 作业人员相互之间应保持安全作业距离;

(2) 打锤与扶钎者不得对面工作,打锤者应戴防滑手套;

(3) 作业人员严禁站在石块滑落的方向撬挖或上下层同时开挖;

(4) 作业人员在陡坡上作业应系安全绳。

2. 险情预防

边坡开挖前应设置变形监测点,定期监测边坡的变形。当边坡开挖过程中出现沉降、裂缝等险情时,应立即向有关方面报告,并根据险情采取如下措施:

(1) 暂停施工,转移危险区内人员和设备;

(2) 对危险区域采取临时隔离措施,并设置警示标志;

(3) 坡脚被动区压重或坡顶主动区卸载;

(4) 做好临时排水、封面处理;

(5) 采取应急支护措施。

任务 3 脚手架工程

一、扣件式钢管脚手架

1. 搭设

(1) 单、双排脚手架必须配合施工进度搭设,一次搭设高度不应超过相邻连墙件以上两步;如果超过相邻连墙件以上两步,无法设置连墙件时,应采取撑拉固定等措施与建筑结构拉结。

(2) 每搭完一步脚手架后,应校正步距、纵距、横距及立杆的垂直度。

（3）底座安放应符合下列规定：

①底座、垫板均应准确地放在定位线上；

②垫板应采用长度不少于 2 跨、厚度不小于 50 mm、宽度不小于 200 mm 的木垫板。

（4）立杆搭设应符合下列规定：

①脚手架开始搭设立杆时，应每隔 6 跨设置一根抛撑，直至连墙件安装稳定后，方可根据情况拆除；

②当架体搭设至有连墙件的主节点时，在搭设完该处的立杆、纵向水平杆、横向水平杆后，应立即设置连墙件。

（5）脚手架纵向水平杆的搭设应符合下列规定：

①脚手架纵向水平杆应随立杆按步搭设，并应采用直角扣件与立杆固定；

②在封闭型脚手架的同一步中，纵向水平杆应四周交圈设置，并应用直角扣件与内外角部立杆固定。

（6）双排脚手架横向水平杆的靠墙一端至墙装饰面的距离不应大于 100 mm。

（7）单排脚手架的横向水平杆不应设置在下列部位：

①设计上不允许留脚手眼的部位；

②过梁上与过梁两端成 60°角的三角形范围内及过梁净跨度 1/2 的高度范围内；

③宽度小于 1 m 的窗间墙；

④梁或梁垫下及其两侧各 500 mm 的范围内；

⑤砖砌体的门窗洞口两侧 200 mm 和转角处 450 mm 的范围内，其他砌体的门窗洞口两侧 300 mm 和转角处 600 mm 的范围内；

⑥墙体厚度小于或等于 180 mm；

⑦独立或附墙砖柱，空斗砖墙、加气块墙等轻质墙体；

⑧砌筑砂浆强度等级小于或等于 M2.5 的砖墙。

（8）脚手架纵向、横向扫地杆搭设应符合规范的规定。

（9）脚手架连墙件安装应符合下列规定：

①连墙件的安装应随脚手架搭设同步进行，不得滞后安装；

②当单、双排脚手架施工操作层高出相邻连墙件以上两步时，应采取确保脚手架稳定的临时拉结措施，直到上一层连墙件安装完毕后再根据情况拆除。

（10）脚手架剪刀撑与双排脚手架横向斜撑应随立杆、纵向和横向水平杆等同步搭设，不得滞后安装。

（11）扣件安装应符合下列规定：

①扣件规格必须与钢管外径相同；

②螺栓拧紧扭力矩不应小于 40 N·m，且不应大于 65 N·m；

③在主节点处固定横向水平杆、纵向水平杆、剪刀撑、横向斜撑等用的直角扣件、旋转扣件的中心点的相互距离不应大于 150 mm；

④对接扣件开口应朝上或朝内；

⑤各杆件端头伸出扣件盖板边缘长度不应小于 100 mm。

（12）作业层、斜道的栏杆和挡脚板的搭设应符合下列规定：

①栏杆和挡脚板均应搭设在外立杆的内侧；

②上栏杆上皮高度应为 1.2 m；

③挡脚板高度不应小于 180 mm；

④中栏杆应居中设置。

（13）脚手板的铺设应符合下列规定：

①脚手架应铺满、铺稳，离墙面的距离不应大于 150 mm；

②采用对接或搭接时均应符合规范的规定，脚手板探头应用直径 3.2 mm 的镀锌钢丝固定在支撑杆件上；

③在拐角、斜道平台口处的脚手板，应用镀锌钢丝固定在横向水平杆上，防止滑动。

2. 拆除

（1）脚手架拆除应按专项方案施工，拆除前应做好下列准备工作：

①应全面检查脚手架的扣件连接、连墙件、支撑体系等是否符合构造要求；

②应根据检查结果补充完善脚手架专项方案中的拆除顺序和措施，经审批后方可实施；

③拆除前应对施工人员进行交底；

④应清除脚手架上杂物及地面障碍物。

（2）单、双排脚手架拆除作业必须由上而下逐层进行，严禁上下同时作业；连墙件必须随脚手架逐层拆除，严禁先将连墙件整层或数层拆除后再拆脚手架；分段拆除高差大于两步时，应增设连墙件加固。

（3）当脚手架拆至下部最后一根长立杆的高度（约 6.5 m）时，应先在适当位置搭设临时抛撑加固后，再拆除连墙件。当单、双排脚手架采取分段、分立面拆除时，对不拆的脚手架两端，应按规范要求设置连墙件和横向斜撑加固。

（4）架体拆除作业应设专人指挥，当有多人同时操作时，应明确分工、统一行动，且应具有足够的操作面。

（5）卸料时各构配件严禁抛掷至地面。

（6）运至地面的构配件应按规范的规定及时检查、整修与保养，并应按品种、规格分别存放。

3. 脚手架检查与验收

脚手架及其地基基础应在下列阶段进行检查与验收：

①基础完工后及脚手架搭设前；

②作业层上施加荷载前；

③每搭设完 6～8 m 高度后；

④达到设计高度后；

⑤遇有六级强风及以上风或大雨后，冻结地区解冻后；

⑥停用超过一个月。

4. 脚手架使用中定期检查的内容

（1）杆件的设置和连接，连墙件、支撑、门洞桁架等的构造应符合规范和专项施工方案的要求。

（2）地基应无积水，底座应无松动，立杆应无悬空。

（3）扣件螺栓应无松动。

（4）高度在 24 m 以上的双排、满堂脚手架，其立杆的沉降与垂直度的偏差应符合规定；高度在 20 m 以上的满堂支撑架，其立杆的沉降与垂直度的偏差应符合规定。

（5）安全防护措施应符合规范要求。

（6）应无超载使用。

5. 安全管理

（1）扣件式钢管脚手架安装与拆除人员必须是经考核合格的专业架子工，架子工应持证上岗。

（2）搭拆脚手架人员必须戴安全帽、系安全带、穿防滑鞋。

（3）脚手架的构配件质量与搭设质量，应按规定进行检查验收，并应确认合格后使用。

（4）钢管上严禁打孔。

（5）作业层上的施工荷载应符合设计要求，不得超载。不得将模板支架、缆风绳、泵送混凝土和砂浆的输送管等固定在架体上；严禁悬挂起重设备，严禁拆除或移动架体上的安全防护设施。

（6）满堂支撑架在使用过程中，应设有专人监护施工，当出现异常情况时，应立即停止施工，并应迅速撤离作业面上人员。应在采取确保安全的措施后，查明原因、做出判断和处理。

（7）满堂支撑架顶部的实际荷载不得超过设计规定。

（8）当有六级强风及以上风、浓雾、雨或雪天气时应停止脚手架搭设与拆除作业。雨、雪后上架作业应有防滑措施，并应扫除积雪。

（9）夜间不宜进行脚手架搭设与拆除作业。

（10）应按规定进行脚手架的安全检查与维护。

（11）脚手板应铺设牢靠、严实，并应用安全网双层兜底。施工层以下每隔 10 m 应用安全网封闭。

（12）单、双排脚手架及悬挑式脚手架沿架体外围应用密目式安全网全封闭，密目式安全网宜设置在脚手架外立杆的内侧，并应与架体绑扎牢固。

（13）在脚手架使用期间，严禁拆除主节点处的纵、横向水平杆，纵、横向扫地杆及连墙件。

（14）当在脚手架使用过程中开挖脚手架基础下的设备基础或管沟时，必须对脚手架采取加固措施。

（15）满堂脚手架与满堂支撑架在安装过程中，应采取防倾覆的临时固定措施。

（16）临街搭设脚手架时，外侧应有防止坠物伤人的防护措施。

（17）在脚手架上进行电、气焊作业时，应有防火措施和专人看守。

（18）工地临时用电线路的架设及脚手架接地、避雷措施等，应按现行行业标准《施工现场临时用电安全技术规范》（JGJ 46）的有关规定执行。

（19）搭拆脚手架时，地面应设围栏和警戒标志，并应派专人看守，严禁非操作人员入内。

二、附着式升降脚手架

1. 安装

（1）附着式升降脚手架应按专项施工方案进行安装，可采用单片式主框架的架体，也可采用空间桁架式主框架的架体。

（2）附着式升降脚手架在首层安装前应设置安装平台,安装平台应有保障施工人员安全的防护设施,安装平台的水平精度和承载能力应满足架体安装的要求。

（3）安装时符合以下规定:相邻竖向主框架的高差应不大于 20 mm;竖向主框架和防倾导向装置的垂直偏差应不大于 0.5‰且不得大于 60 mm;预留穿墙螺栓孔和预埋件应垂直于建筑结构外表面,其中心误差应小于 15 mm;连接处所需要的建筑结构混凝土强度应由计算确定,且不应小于 C10;升降机构连接正确且牢固可靠;安全控制系统的设置和试运行效果符合设计要求;升降动力设备工作正常。

（4）附着支撑结构的安装应符合要求,不得少装和使用不合格螺栓及连接件。

（5）安全保险装置应全部合格,安全防护设施应齐备,且应符合设计要求,并应设置必要的消防设施。

2. 升降

（1）附着式升降脚手架可采用手动、电动和液压三种升降形式,并应符合下列规定:单片架体升降时,可采用手动、液压和电动三种升降形式;当两跨以上的架体同时整体升降时,应采用电动或液压设备。

（2）附着式升降脚手架的升降操作应符合下列规定:应按升降作业程序和操作规程进行作业;操作人员不得停留在架体上;升降过程中不得有施工荷载;所有妨碍升降的障碍物应已拆除;所有影响升降作业的约束已经拆开;各相邻提升点间的高差不得大于 30 mm,整体架最大升降差不得大于 80 mm。

（3）升降过程中应实行统一指挥、规范指令。升、降指令只能由总指挥一人下达;但当有异常情况出现时,任何人均可立即发出停止指令。

（4）当采用环链葫芦作升降动力时,应严密监视其运行情况,及时排除翻链、绞链和其他影响正常运行的故障。

（5）当采用液压设备作升降动力时,应排除液压系统的泄漏、失压、颤动、油缸爬行和不同步等问题和故障,确保正常工作。

（6）架体升降到位后,应及时按使用状况要求进行附着固定。在没有完成架体固定工作前,施工人员不得擅自离岗或下班。

（7）附着式升降脚手架架体升降到位固定后,应进行检查,合格后方可使用;遇 5 级及以上大风和大雨、大雪、浓雾和雷雨等恶劣天气时,不得进行升降作业。

3. 使用

（1）附着式升降脚手架必须按照设计性能指标进行使用,不得随意扩大使用范围;架体上的施工荷载应符合设计规定,不得超载,不得放置影响局部杆件安全的集中荷载。

（2）架体内的建筑垃圾和杂物应及时清理干净。

（3）附着式升降脚手架在使用过程中不得进行下列作业:利用架体吊运物料;在架体上拉结吊装缆绳（或缆索）;在架体上推车;任意拆除结构件或松动连接件;拆除或移动架体上的安全防护设施;利用架体支撑模板或卸料平台;其他影响架体安全的作业。

（4）当附着式升降脚手架停用超过 3 个月时,应提前采取加固措施。

（5）当附着式升降脚手架停用超过 1 个月或遇 6 级及以上大风后复工时，应进行检查，确认合格后方可使用。

（6）螺栓连接件、升降设备、防倾装置、防坠落装置、电控设备同步控制装置等应每月进行维护保养。

4. 拆除

（1）附着式升降脚手架的拆除工作应按专项施工方案及安全操作规程的有关要求进行。

（2）必须对拆除作业人员进行安全技术交底。

（3）拆除时应有可靠的防止人员或物料坠落的措施，拆除的材料及设备不得抛扔。

（4）拆除作业应在白天进行。遇 5 级及以上大风和大雨、大雪、浓雾和雷雨等恶劣天气时，不得进行拆除作业。

任务 4 模板工程

一、模板安装

1. 模板安装前的安全技术准备

模板安装前必须做好下列安全技术准备工作：

（1）模板安装前，应审查模板结构设计与施工说明书中的荷载、计算方法、节点构造和安全措施，设计审批手续应齐全。

（2）应进行全面的安全技术交底，操作班组应熟悉设计与施工说明书，并应做好模板安装作业的分工准备。采用爬模、飞模、隧道模等特殊模板施工时，所有参加作业人员必须经过专门技术培训，考核合格后方可上岗。

（3）应对模板和配件进行挑选、检测，不合格者应剔除，并应运至工地指定地方堆放。

（4）备齐操作所需的一切安全防护设施和器具。

2. 模板安装的一般安全要求

模板的安装应符合下列规定：

（1）地基处理并经检查验收后，方可安装。

（2）安装时，立杆的基土应坚实，并应有排水措施。对湿陷性黄土应有防水措施；对特别重要的结构工程可采用混凝土、打桩等措施防止支架柱下沉。对冻胀性土应有防冻融措施。

（3）当满堂或共享空间模板支架立柱高度超过 8 m 时，若地基土达不到承载要求，无法防止立柱下沉，则应先施工地面下的工程，再分层回填夯实基土，浇筑地面混凝土垫层，达到强度后方可支模。

（4）模板及其支架在安装过程中，必须设置有效防止倾覆的临时固定设施。

（5）当层高大于 5 m 时，应选用桁架支模或钢管立杆支模。

（6）模板安装时应保证工程结构和构件各部分形状、尺寸和相互位置的正确，防止漏浆。

（7）拼接高度超过 2 m 的竖向模板，不得站在下层模板上拼装上层模板。安装过程中应设置临时固定设施。

（8）当承重焊接钢筋骨架和模板一起安装时，梁的侧模、底模必须固定在承重焊接钢筋骨架的节点上；安装钢筋模板组合体时，吊索应按模板设计的吊点位置绑扎。

（9）当支架立柱成一定角度倾斜，或支架立柱的顶表面倾斜时，应采取可靠措施确保支点稳定，支撑底脚必须有防滑移的可靠措施。

（10）除设计图纸另有规定外，所有垂直支架柱应保证其垂直。

（11）对梁和板安装二次支撑前，其上不得有施工荷载，支撑的位置必须正确。安装后所传给支撑或连接件的荷载不应超过其允许值。

（12）施工时，在已安装好的模板上的实际荷载不得超过设计值。已承受荷载的支架和附件，不得随意拆除或移动。

（13）组合钢模板、滑升模板等的安装，应符合现行国家标准《组合钢模板技术规范》（GB/T 50214）和《滑动模板工程技术规范》（GB 50113）的相应规定。

（14）安装所需的各种配件应置于工具箱或工具袋内，严禁散放在模板或脚手板上，安装所有工具应系挂在作业人员身上或置于所配带的工具袋中，不得掉落。

（15）模板安装高度超过 3 m 时，必须搭设脚手架，除操作人员外，脚手架下不得站立其他人。

（16）吊运模板前，应检查绳索、卡具、模板上的吊环，必须完整有效，在升降过程中应设专人指挥，统一信号，密切配合。吊运大块或整体模板时，竖向吊点不应少于 2 个，水平吊点不应少于 4 个。吊运必须使用卡环连接，并应稳起稳落，待模板就位连接牢固后，方可摘除卡环。吊运散装模板时，必须码放整齐，待捆绑牢固后方可起吊。严禁起重机在架空输电线路下面工作。

（17）遇 5 级及以上大风时，应停止一切吊运作业。

（18）木料应堆放在下风向，距离火源不得小于 30 m，且料场四周应设置灭火器材。

二、模板拆除

模板的拆除应符合下列规定：

（1）模板的拆除措施应经技术主管部门或相关负责人批准，拆除模板的时间可按现行国家标准《混凝土结构工程施工质量验收规范》（GB 50204）的有关规定执行。冬期施工的拆模，应符合专门规定。

（2）模板拆除时，拆除的顺序和方法应按模板的设计规定进行。当设计无规定时，可采取先支的后拆、后支的先拆，先拆非承重模板，后拆承重模板的顺序，并应从上而下进行拆除。拆下的模板不得抛扔，应按指定地点堆放。

（3）当混凝土未达到规定强度或已达到设计规定强度，需提前拆模或承受部分超设计荷载时，必须经过计算和技术主管确认其强度能足够承受此荷载后，方可拆除。

（4）后张预应力混凝土结构的侧模宜在施加预应力前拆除，底模应在施加预应力后拆除。当设计有规定时，应按规定执行。

（5）大体积混凝土的拆模时间除应满足混凝土强度要求外，还应使混凝土内外温差降低到25 ℃以下时方可拆模，否则应采取有效措施防止产生温度裂缝。

（6）模板的拆除工作应设专人指挥。作业区应设围栏，其内不得有其他工种作业，并应设专人负责监护。拆下的模板、零配件严禁抛掷。

（7）拆模前应检查所使用的工具有效和可靠，扳手等工具必须装入工具袋或系挂在身上，并应检查拆模场所范围内的安全措施。

（8）多人同时操作时，应明确分工、统一信号或行动，应具有足够的操作面，人员应站在安全处。

（9）高处拆模时，应符合有关高处作业的规定，严禁使用大锤和撬棍，操作层上临时拆下的模板堆放不能超过3层。

（10）拆除有洞口模板时，应采取防止操作人员坠落的措施。

（11）遇6级或6级以上大风时，应暂停室外的高处作业。雨、雪、霜后应先清扫施工现场，方可进行工作。

（12）在提前拆除互相搭连并涉及其他后拆模板的支撑时，应补设临时支撑。拆模时，应逐块拆卸，不得成片撬落或拉倒。

（13）拆模中如遇中途停歇，应将已拆松动、悬空、浮吊的模板或支架进行临时支撑牢固或相互连接稳固。对活动部件必须一次拆除。

（14）已拆除了模板的结构，应在混凝土强度达到设计强度值后方可承受全部设计荷载。若在未达到设计强度以前，需在结构上加置施工荷载时，应另行核算，强度不足时，应加设临时支撑。

任务 5 垂直运输机械

一、塔式起重机

1. 基本规定

（1）塔式起重机安装、拆卸单位必须在资质许可范围内，从事塔式起重机的安装、拆卸业务。

（2）塔式起重机安装、拆卸单位应具备安全管理保证体系，有健全的安全管理制度。

（3）塔式起重机安装、拆卸作业应配备下列人员：

①持有安全生产考核合格证书的项目负责人和安全负责人、机械管理人员；

②具有建筑施工特种作业操作资格证书的建筑起重机械安装拆卸工、起重司机、起重信号

工、司索工等特种作业操作人员。

(4)塔式起重机应具有特种设备制造许可证、产品合格证、制造监督检验证明,并已在县级以上地方建设主管部门备案登记。

(5)塔式起重机应符合现行国家标准《塔式起重机安全规程》(GB 5144)及《塔式起重机》(GB/T 5031)的相关规定。

(6)塔机启用前应检查下列项目:塔式起重机的备案登记证明等文件;建筑施工特种作业人员的操作资格证书;专项施工方案;辅助起重机械的合格证及操作人员资格证。

(7)对塔式起重机应建立技术档案,其技术档案应包括下列内容:购销合同、制造许可证、产品合格证、制造监督检验证明、使用说明书、备案证明等原始资料;定期检验报告、定期自行检查记录、定期维护保养记录、维修和技术改造记录、运行故障和生产安全事故记录、累计运转记录等运行资料;历次安装验收资料。

(8)塔式起重机的选型和布置应满足工程施工要求,便于安装和拆卸,并不得损害周边其他建(构)筑物。

(9)有下列情况的塔式起重机严禁使用:国家明令淘汰的产品;超过规定使用年限经评估不合格的产品;不符合国家现行行业标准的产品;没有完整安全技术档案的产品。

(10)塔式起重机安装、拆卸前,应编制专项施工方案,指导作业人员实施安装、拆卸作业。专项施工方案应根据塔式起重机使用说明书和作业场地的实际情况编制,并应符合国家现行相关标准的要求。专项施工方案应由本单位技术、安全、设备等部门审核及技术负责人审批后,经监理单位批准实施。

(11)塔式起重机安装前应编制专项施工方案,并应包括下列内容:工程概况;安装位置平面和立面图;所选用的塔式起重机型号及性能技术参数;基础和附着装置的设置;爬升工况及附着节点详图;安装顺序和安全质量要求;主要安装部件的重量和吊点位置;安装辅助设备的型号、性能及布置位置;电源的设置;施工人员配置;吊索具和专用工具的配备;安装工艺程序;安全装置的调试;重大危险源和安全技术措施;应急预案等。

(12)塔式起重机拆卸专项方案应包括下列内容:工程概况;塔式起重机位置的平面和立面图;拆卸顺序;部件的重量和吊点位置;拆卸辅助设备的型号、性能及布置位置;电源的设置;施工人员配置;吊索具和专用工具的配备;重大危险源和安全技术措施;应急预案等。

(13)塔式起重机与架空输电线的安全距离应符合现行国家标准《塔式起重机安全规程》(GB 5144)的规定。

(14)当多台塔式起重机在同一施工现场交叉作业时,应编制专项方案,并应采取防碰撞的安全措施。任意两台塔式起重机之间的最小架设距离应符合下列规定:

①低位塔式起重机的起重臂端部与另一台塔式起重机的塔身之间的距离不得小于2 m;

②高位塔式起重机的最低位置的部件(或吊钩升至最高点或平衡重的最低部位)与低位塔式起重机中处于最高位置部件之间的垂直距离不得小于2 m。

(15)塔式起重机在安装前和使用过程中,发现有下列情况之一的,不得安装和使用:

①结构件上有可见裂纹和严重锈蚀的;

②主要受力构件存在塑性变形的;

③连接件存在严重磨损和塑性变形的;

④钢丝绳达到报废标准的;

⑤安全装置不齐全或失效的。

根据对施工现场发生的塔式起重机事故的调查统计,这五类原因造成的塔式起重机安全事故占有较大比例,所以要严格控制。

(16)在塔式起重机的安装、使用及拆卸阶段,进入现场的作业人员必须佩戴安全帽、防滑鞋、安全带等防护用品,无关人员严禁进入作业区域内。在安装、拆卸作业期间,应设立警戒区。

(17)塔式起重机使用时,起重臂和吊物下方严禁有人员停留;物件吊运时,严禁从人员上方通过。

(18)严禁用塔式起重机载运人员。

2. 塔式起重机的使用

(1)塔式起重机起重司机、起重信号工、司索工等操作人员应取得特种作业人员资格证书,严禁无证上岗。

(2)塔式起重机使用前,应对起重司机、起重信号工、司索工等作业人员进行安全技术交底。

(3)塔式起重机的力矩限制器、重量限制器、变幅限位器、行走限位器、高度限位器等安全保护装置不得随意调整和拆除,严禁用限位装置代替操纵机构。

(4)塔式起重机回转、变幅、行走、起吊动作前应示意警示。起吊时应统一指挥,明确指挥信号;当指挥信号不清楚时,不得起吊。

(5)塔式起重机起吊前,当吊物与地面或其他物件之间存在吸附力或摩擦力而未采取处理措施时,不得起吊。

(6)塔式起重机起吊前,应对安全装置进行检查,确认合格后方可起吊;安全装置失灵时,不得起吊。

(7)塔式起重机起吊前,应对吊具与索具进行检查,确认合格后方可起吊;吊具与索具不符合相关规定的,不得用于起吊作业。

(8)作业中遇突发故障,应采取措施将吊物降落到安全地点,严禁吊物长时间悬挂在空中。

(9)遇有风速在 12 m/s 及以上的大风或大雨、大雪、大雾等恶劣天气时,应停止作业。雨雪过后,应先经过试吊,确认制动器灵敏可靠后方可进行作业。夜间施工应有足够照明,照明的安装应符合现行行业标准《施工现场临时用电安全技术规范(附条文说明)》(JGJ 46)的要求。

(10)塔式起重机不得起吊重量超过额定载荷的吊物,且不得起吊重量不明的吊物。

(11)在吊物荷载达到额定载荷的 90% 时,应先将吊物吊离地面 200～500 mm 后,检查机械状况、制动性能、物件绑扎情况等,确认无误后方可起吊。对有晃动的物件,必须拴拉溜绳使之稳固。

(12)物件起吊时应绑扎牢固,不得在吊物上堆放或悬挂其他物件;零星材料起吊时,必须用吊笼或钢丝绳绑扎牢固。当吊物上站人时不得起吊。

(13)标有绑扎位置或记号的物件,应按标明位置绑扎。钢丝绳与物件的夹角宜为 45°～60°,且不得小于 30°。吊索与吊物棱角之间应有防护措施;未采取防护措施的,不得起吊。

(14)作业完毕后,应松开回转制动器,各部件应置于非工作状态,控制开关应置于零位,并应切断总电源。

(15)行走式塔式起重机停止作业时,应锁紧夹轨器。

(16)当塔式起重机使用高度超过 30 m 时,应配置障碍灯,起重臂根部铰点高度超过 50 m

时应配备风速仪。

（17）严禁在塔式起重机塔身上附加广告牌或其他标语牌。

（18）每班作业应做好例行保养，并应做好记录。记录的主要内容应包括结构件外观、安全装置、传动机构、连接件、制动器、索具、夹具、吊钩、滑轮、钢丝绳、液位、油位、油压、电源、电压等。

（19）实行多班作业的设备，应执行交接班制度，认真填写交接班记录，接班司机经检查确认无误后，方可开机作业。

二、施工升降机

1. 基本规定

（1）施工升降机安装单位应具备建设行政主管部门颁发的起重设备安装工程专业承包资质和建筑施工企业安全生产许可证。

（2）施工升降机安装、拆卸项目应配备与承担项目相适应的专业安装作业人员以及专业安装技术人员。施工升降机的安装拆卸工、电工、司机等应具有建筑施工特种作业操作资格证书。

（3）施工升降机使用单位应与安装单位签订施工升降机安装、拆卸合同，明确双方的安全生产责任。实行施工总承包的，施工总承包单位应与安装单位签订施工升降机安装、拆卸工程安全协议书。

（4）施工升降机应具有特种设备制造许可证、产品合格证、使用说明书、起重机械制造监督检验证书，并已在产权单位工商注册所在地县级以上建设行政主管部门备案登记。

（5）施工升降机安装作业前，安装单位应编制施工升降机安装、拆卸工程专项施工方案，由安装单位技术负责人批准后，报送施工总承包单位或使用单位、监理单位审核，并告知工程所在地县级以上建设行政主管部门。

（6）施工升降机的类型、型号和数量应能满足施工现场货物尺寸、运载重量、运载频率和使用高度等方面的要求。

（7）当利用辅助起重设备安装、拆卸施工升降机时，应对辅助设备设置位置、锚固方法和基础承载能力等进行设计和验算。

（8）施工升降机安装、拆卸工程专项施工方案应根据使用说明书的要求、作业场地及周边环境的实际情况、施工升降机使用要求等编制。当安装、拆卸过程中专项施工方案发生变更时，应按程序重新对方案进行审批，未经审批不得继续进行安装、拆卸作业。

（9）施工升降机安装、拆卸工程专项施工方案应包括下列主要内容：工程概况；编制依据；作业人员组织和职责；施工升降机安装位置平面、立面图和安装作业范围平面图；施工升降机技术参数、主要零部件外形尺寸和重量；辅助起重设备的种类、型号、性能及位置安排；吊索具的配置、安装与拆卸工具及仪表；安装、拆卸步骤与方法；安全技术措施；安全应急预案。

（10）施工总承包单位进行的工作应包括下列内容：

①向安装单位提供拟安装设备的基础施工资料，确保施工升降机进场安装所需的施工条件；

②审核施工升降机的特种设备制造许可证、产品合格证、起重机械制造监督检验证书、备案证明等文件；

③审核施工升降机安装单位、使用单位的资质证书、安全生产许可证和特种作业人员的特种作业操作资格证书；

④审核安装单位制定的施工升降机安装、拆卸工程专项施工方案；

⑤审核使用单位制定的施工升降机安全应急预案；

⑥指定专职安全生产管理人员监督检查施工升降机安装、使用、拆卸情况。

(11) 监理单位进行的工作应包括下列内容：

①审核施工升降机特种设备制造许可证、产品合格证、起重机械制造监督检验证书、备案证明等文件；

②审核施工升降机安装单位、使用单位的资质证书、安全生产许可证和特种作业人员的特种作业操作资格证书；

③审核施工升降机安装、拆卸工程专项施工方案；

④监督安装单位对施工升降机安装、拆卸工程专项施工方案的执行情况；

⑤监督检查施工升降机的使用情况；

⑥发现存在生产安全事故隐患的，应要求安装单位、使用单位限期整改，对安装单位、使用单位拒不整改的，应及时向建设单位报告。

2. 施工升降机的使用

1) 使用前的准备工作

(1) 施工升降机司机应持有建筑施工特种作业操作资格证书，不得无证操作。

(2) 使用单位应对施工升降机司机进行书面安全技术交底，交底资料应留存备案。

(3) 使用单位应按使用说明书的要求对需润滑部件进行全面润滑。

2) 操作使用

(1) 不得使用有故障的施工升降机。

(2) 严禁施工升降机使用超过有效标定期的防坠安全器。

(3) 施工升降机额定载重量、额定乘员数标牌应置于吊笼醒目位置。严禁在超过额定载重量或额定乘员数的情况下使用施工升降机。

(4) 当电源电压值与施工升降机额定电压值的偏差超过±5%，或供电总功率小于施工升降机的规定值时，不得使用施工升降机。

(5) 应在施工升降机作业范围内设置明显的安全警示标志，应在集中作业区做好安全防护。

(6) 当建筑物超过 2 层时，施工升降机地面通道上方应搭设防护棚。当建筑物高度超过 24 m 时，应设置双层防护棚。

(7) 使用单位应根据不同的施工阶段、周围环境、季节和气候，对施工升降机采取相应的安全防护措施。

(8) 使用单位应在现场设置相应的设备管理机构或配备专职的设备管理人员，并指定专职设备管理人员、专职安全生产管理人员进行监督检查。

(9) 当遇大雨、大雪、大雾、施工升降机顶部风速大于 20 m/s 或导轨架、电缆表面结有冰层时，不得使用施工升降机。

（10）严禁用行程限位开关作为停止运行的控制开关。

（11）在施工升降机基础周边水平距离 5 m 以内，不得开挖井沟，不得堆放易燃易爆物品及其他杂物。

（12）施工升降机运行通道内不得有障碍物。不得利用施工升降机的导轨架、横竖支撑、层站等牵拉或悬挂脚手架、施工管道、绳缆标语、旗帜等。

（13）施工升降机安装在建筑物内部井道中时，应在运行通道四周搭设封闭屏障。

（14）施工升降机不得使用脱皮、裸露的电线、电缆。

（15）施工升降机吊笼底板应保持干燥整洁。各层站通道区域不得有物品长期堆放。

（16）施工升降机司机严禁酒后作业。工作时间内司机不应与其他人员闲谈，不应有妨碍施工升降机运行的行为。

任务 6 建筑施工防火安全

一、临时用房防火

临时用房是指在施工现场建造的，为建设工程施工服务的各种非永久性建筑物，包括办公用房、宿舍、厨房操作间、食堂、锅炉房、发电机房、变配电房、库房等。

1. 宿舍、办公用房的防火

宿舍、办公用房的防火设计应符合下列规定：

（1）建筑构件的燃烧性能等级应为 A 级。当采用金属夹芯板材时，其芯材的燃烧性能等级应为 A 级。

（2）建筑层数不应超过 3 层，每层建筑面积不应大于 300 m²。

（3）层数为 3 层或每层建筑面积大于 200 m² 时，应设置至少 2 部疏散楼梯，房间疏散门至疏散楼梯的最大距离不应大于 25 m。

（4）单面布置用房时，疏散走道的净宽度不应小于 1.0 m；双面布置用房时，疏散走道的净宽度不应小于 1.5 m。

（5）疏散楼梯的净宽度不应小于疏散走道的净宽度。

（6）宿舍房间的建筑面积不应大于 30 m²，其他房间的建筑面积不宜大于 100 m²。

（7）房间内任一点至最近疏散门的距离不应大于 15 m，房门的净宽度不应小于 0.8 m；房间建筑面积超过 50 m² 时，房门的净宽度不应小于 1.2 m。

（8）隔墙应从楼地面基层隔断至顶板基层底面。

2. 发电机房、变配电房、厨房操作间、锅炉房等的防火

发电机房、变配电房、厨房操作间、锅炉房、可燃材料库房及易燃易爆危险品库房的防火设

计应符合下列规定：

(1) 建筑构件的燃烧性能等级应为 A 级。

(2) 层数应为 1 层，建筑面积不应大于 200 m²。

(3) 可燃材料库房单个房间的建筑面积不应超过 30 m²，易燃易爆危险品库房单个房间的建筑面积不应超过 20 m²。

(4) 房间内任一点至最近疏散门的距离不应大于 10 m，房门的净宽度不应小于 0.8 m。

3. 其他要求

其他防火设计应符合下列规定：

(1) 宿舍、办公用房不应与厨房操作间、锅炉房、变配电房等组合建造。

(2) 会议室、文化娱乐室等人员密集的房间应设置在临时用房的第一层，其疏散门应向疏散方向开启。

二、在建工程防火

在建工程的防火应符合下列规定：

(1) 在建工程作业场所的临时疏散通道应采用不燃、难燃材料建造，并应与在建工程结构施工同步设置，也可利用在建工程施工完毕的水平结构、楼梯。

(2) 在建工程作业场所临时疏散通道的设置应符合下列规定：

①耐火极限不应低于 0.5 h。

②设置在地面上的临时疏散通道，其净宽度不应小于 1.5 m；利用在建工程施工完毕的水平结构、楼梯作临时疏散通道时，其净宽度不宜小于 1.0 m；用于疏散的爬梯及设置在脚手架上的临时疏散通道，其净宽度不应小于 0.6 m。

③临时疏散通道为坡道，且坡道大于 250 时，应修建楼梯或台阶踏步或设置防滑条。临时疏散通道不宜采用爬梯，确需采用时，应采取可靠固定措施。

④临时疏散通道的侧面为临空面时，应沿临空面设置高度不小于 1.2 m 的防护栏杆。

⑤临时疏散通道设置在脚手架上时，脚手架应采用不燃材料搭设。

⑥临时疏散通道应设置明显的疏散指示标识。

⑦临时疏散通道应设置照明设施。

(3) 作业层的醒目位置应设置安全疏散示意图。

(4) 作业场所应设置明显的疏散指示标志，其指示方向应指向最近的临时疏散通道入口。

(5) 高层建筑外脚手架、临时疏散通道、既有建筑外墙改造时的外脚手架的安全防护网应采用阻燃型安全防护网。

(6) 外脚手架、支模架的架体宜采用不燃或难燃材料搭设；高层建筑、既有建筑改造工程的外脚手架、支模架的架体应采用不燃材料搭设。

(7) 既有建筑进行扩建、改建施工时，必须明确划分施工区和非施工区。施工区不得营业、使用和居住。非施工区继续营业、使用和居住时，应符合下列规定：

①施工区和非施工区之间应采用不开设门、窗、洞口的耐火极限不低于 3.0 h 的不燃烧体隔

墙进行防火分隔。

②非施工区内的消防设施应完好和有效,疏散通道应保持畅通,并应落实日常值班及消防安全管理制度。

③施工区的消防安全应配有专人值守,发生火情应能立即处置。

④施工单位应向居住和使用者进行消防宣传教育,告知建筑消防设施、疏散通道的位置及使用方法,同时应组织疏散演练。

⑤外脚手架搭设不应影响安全疏散、消防车正常通行及灭火救援操作,外脚手架搭设长度不应超过该建筑物外立面周长的1/2。

三、临时消防设施

临时消防设施是设置在建设工程施工现场,用于扑救施工现场火灾、引导施工人员安全疏散等各类消防设施,包括灭火器、临时消防给水系统、消防应急照明、疏散指示标识、临时疏散通道等。

1. 临时消防设施设置的一般规定

(1) 施工现场应设置灭火器、临时消防给水系统和应急照明等临时消防设施。

(2) 临时消防设施应与在建工程的施工同步设置。房屋建筑工程中,临时消防设施的设置与在建工程主体结构施工进度的差距不应超过3层。

(3) 在建工程可利用已具备使用条件的永久性消防设施作为临时消防设施。当永久性消防设施无法满足使用要求时,应增设临时消防设施。

(4) 施工现场的消火栓泵应采用专用消防配电线路。专用消防配电线路应自施工现场总配电箱的总断路器上端接入,且应保持不间断供电。

(5) 地下工程的施工作业场所宜配备防毒面具。

(6) 临时消防给水系统的贮水池、消火栓泵、室内消防竖管及水泵接合器等应设置醒目标识。

2. 灭火器的设置

在建工程及临时用房的下列场所应配置灭火器:

(1) 易燃易爆危险品存放及使用场所。

(2) 动火作业场所。

(3) 可燃材料存放、加工及使用场所。

(4) 厨房操作间、锅炉房、发电机房、变配电房、设备用房、办公用房、宿舍等临时用房。

(5) 其他具有火灾危险的场所。

3. 应急照明

施工现场的下列场所应配备临时应急照明:

(1) 自备发电机房及变配电房。

（2）水泵房。

（3）无天然采光的作业场所及疏散通道。

（4）高度超过100 m的在建工程的室内疏散通道。

（5）发生火灾时仍需坚持工作的其他场所。

4. 临时消防给水系统

临时消防给水系统的设置应符合下列规定：

（1）施工现场或其附近应设置稳定、可靠的水源，并应能满足施工现场临时消防用水的需要。

（2）临时用房建筑面积之和大于1000 m²或在建工程单体体积大于10 000 m³时，应设置临时室外消防给水系统。当施工现场处于市政消火栓150 m保护范围内，且市政消火栓的数量满足室外消防用水量要求时，可不设置临时室外消防给水系统。

（3）建筑高度大于24 m或单体体积超过30 000 m³的在建工程，应设置临时室内消防给水系统。

（4）在建工程结构施工完毕的每层楼梯处应设置消防水枪、水带及软管，且每个设置点不应少于2套。

（5）高度超过100 m的在建工程，应在适当楼层增设临时中转水池及加压水泵。中转水池的有效容积不应小于10 m³，上、下两个中转水池的高差不宜超过100 m。

（6）当外部消防水源不能满足施工现场的临时消防用水量要求时，应在施工现场设置临时贮水池。

（7）施工现场临时消防给水系统应与施工现场生产、生活给水系统合并设置，但应设置将生产、生活用水转为消防用水的应急阀门。应急阀门不应超过2个，且应设置在易于操作的场所，并应设置明显标识。

（8）严寒和寒冷地区的现场临时消防给水系统应采取防冻措施。

四、防火管理

1. 防火管理的一般规定

（1）施工现场的消防安全管理应由施工单位负责。实行施工总承包时，应由总承包单位负责。分包单位应向总承包单位负责，并应服从总承包单位的管理，同时应承担国家法律、法规规定的消防责任和义务。

（2）监理单位应对施工现场的消防安全管理实施监理。

（3）施工单位应根据建设项目规模、现场消防安全管理的重点，在施工现场建立消防安全管理组织机构及义务消防组织，并应确定消防安全负责人和消防安全管理人员，同时应落实相关人员的消防安全管理责任。

（4）施工单位应针对施工现场可能导致火灾发生的施工作业及其他活动，制定消防安全管理制度。消防安全管理制度应包括：消防安全教育与培训制度；可燃及易燃易爆危险品管理制度;用火、用电、用气管理制度;消防安全检查制度和应急预案演练制度。

（5）施工单位应编制施工现场防火技术方案,并应根据现场情况变化及时对其修改、完善。防火技术方案应包括:施工现场重大火灾危险源辨识;施工现场防火技术措施;临时消防设施、临时疏散设施配备;临时消防设施和消防警示标识布置图。

（6）施工单位应编制施工现场灭火及应急疏散预案。灭火及应急疏散预案应包括:应急灭火处理机构及各级人员应急处置职责;报警、接警处置的程序和通信联络的方式;扑救初起火灾的程序和措施;应急疏散及救援的程序和措施。

（7）施工人员进场时,施工现场的消防安全管理人员应向施工人员进行消防安全教育和培训。消防安全教育和培训应包括:施工现场消防安全管理制度、防火技术方案、灭火及应急疏散预案的主要内容;施工现场临时消防设施的性能及使用、维护方法;扑灭初起火灾及自救逃生的知识和技能;报警、接警的程序和方法。

（8）施工作业前,施工现场的施工管理人员应向作业人员进行消防安全技术交底。消防安全技术交底应包括:施工过程中可能发生火灾的部位或环节;施工过程应采取的防火措施及应配备的临时消防设施;初起火灾的扑救方法及注意事项;逃生方法及路线。

（9）施工过程中,施工现场的消防安全负责人应定期组织消防安全管理人员对施工现场的消防安全进行检查。消防安全检查应包括:可燃物及易燃易爆危险品的管理是否落实;动火作业的防火措施是否落实;用火、用电、用气是否存在违章操作,电、气焊及保温防水施工是否执行操作规程;临时消防设施是否完好有效;临时消防车道及临时疏散设施是否畅通。

（10）施工单位应依据灭火及应急疏散预案,定期开展灭火及应急疏散的演练。

（11）施工单位应做好并保存施工现场消防安全管理的相关文件和记录,并应建立现场消防安全管理档案。

2. 可燃物及易燃易爆危险品管理

（1）用于在建工程的保温、防水、装饰及防腐等材料的燃烧性能等级应符合设计要求。

（2）可燃材料及易燃易爆危险品应按计划限量进场。进场后,可燃材料宜存放于库房内,露天存放时,应分类成垛堆放,垛高不应超过 2 m,单垛体积不应超过 50 m³,垛与垛之间的最小间距不应小于 2 m,且应采用不燃或难燃材料覆盖;易燃易爆危险品应分类专库储存,库房内应通风良好,并应设置严禁明火标志。

（3）室内使用油漆及其有机溶剂、乙二胺、冷底子油等易挥发产生易燃气体的物资作业时,应保持良好通风,作业场所严禁明火,并应避免产生静电。

（4）施工产生的可燃、易燃建筑垃圾或余料,应及时清理。

3. 用火管理

施工现场用火应符合下列规定:

（1）动火作业应办理动火许可证;动火许可证的签发人收到动火申请后,应前往现场查验并确认动火作业的防火措施落实后,再签发动火许可证。

（2）动火操作人员应具有相应资格。

（3）焊接、切割、烘烤或加热等动火作业前,应对作业现场的可燃物进行清理;作业现场及其附近无法移走的可燃物应采用不燃材料对其覆盖或隔离。

（4）施工作业安排时,宜将动火作业安排在使用可燃建筑材料的施工作业前进行。确需在使用可燃建筑材料的施工作业之后进行动火作业时,应采取可靠的防火措施。

（5）裸露的可燃材料上严禁直接进行动火作业。

（6）焊接、切割、烘烤或加热等动火作业应配备灭火器材,并应设置动火监护人进行现场监护,每个动火作业点均应设置1个监护人。

（7）五级（含五级）以上风力时,应停止焊接、切割等室外动火作业;确需动火作业时,应采取可靠的挡风措施。

（8）动火作业后,应对现场进行检查,并应在确认无火灾危险后,动火操作人员再离开。

（9）具有火灾、爆炸危险的场所严禁明火。

（10）施工现场不应采用明火取暖。

（11）厨房操作间炉灶使用完毕后,应将炉火熄灭,排油烟机及油烟管道应定期清理油垢。

4. 用电管理

施工现场用电应符合下列规定:

（1）施工现场供用电设施的设计、施工、运行和维护应符合现行国家标准《建设工程施工现场供用电安全规范》(GB 50194)的有关规定。

（2）电气线路应具有相应的绝缘强度和机械强度,严禁使用绝缘老化或失去绝缘性能的电气线路,严禁在电气线路上悬挂物品。破损、烧焦的插座、插头应及时更换。

（3）电气设备与可燃、易燃易爆危险品和腐蚀性物品应保持一定的安全距离。

（4）有爆炸和火灾危险的场所,应按危险场所等级选用相应的电气设备。

（5）配电屏上每个电气回路应设置漏电保护器、过载保护器。距配电屏2 m范围内不应堆放可燃物,5 m范围内不应设置可能产生较多易燃易爆气体、粉尘的作业区。

（6）可燃材料库房不应使用高热灯具,易燃易爆危险品库房内应使用防爆灯具。

（7）电气设备不应超负荷运行或带故障使用。

（8）严禁私自改装现场供用电设施。

（9）应定期对电气设备和线路的运行及维护情况进行检查。

（10）普通灯具与易燃物的距离不宜小于300 mm,聚光灯、碘钨灯等高热灯具与易燃物的距离不宜小于500 mm。

5. 用气管理

（1）储装气体的罐瓶及其附件应合格、完好和有效;严禁使用减压器及其他附件缺损的氧气瓶,严禁使用乙炔专用减压器、回火防止器及其他附件缺损的乙炔瓶。

（2）气瓶运输、存放、使用时,应符合下列规定:气瓶应保持直立状态,并采取防倾倒措施,乙炔瓶严禁横躺卧放;严禁碰撞、敲打、抛掷、滚动气瓶;气瓶应远离火源,与火源的距离不应小于10 m,并应采取避免高温和防止曝晒的措施;燃气储装瓶罐应设置防静电装置。

（3）气瓶应分类储存,库房内应通风良好;空瓶和实瓶同库存放时,应分开放置,空瓶和实瓶的间距不应小于1.5 m。

（4）气瓶使用时,应符合下列规定:使用前,应检查气瓶及气瓶附件的完好性,检查连接气路的气密性,并采取避免气体泄漏的措施,严禁使用已老化的橡皮气管;氧气瓶与乙炔瓶的工作间距不应小于 5 m,气瓶与明火作业点的距离不应小于 10 m;冬季使用气瓶,气瓶的瓶阀、减压器等发生冻结时,严禁用火烘烤或用铁器敲击瓶阀,严禁猛拧减压器的调节螺丝;氧气瓶内剩余气体的压力不应小于 0.1 MPa;气瓶用后应及时归库。

6. 其他防火管理

(1) 施工现场的重点防火部位或区域应设置防火警示标识。

(2) 施工单位应做好施工现场临时消防设施的日常维护工作,对已失效、损坏或丢失的消防设施应及时更换、修复或补充。

(3) 临时消防车道、临时疏散通道、安全出口应保持畅通,不得遮挡、挪动疏散指示标识,不得挪用消防设施。

(4) 施工期间,不应拆除临时消防设施及临时疏散设施。

(5) 施工现场严禁吸烟。

项目小结

本章主要介绍了施工现场管理与文明施工、土方工程、脚手架工程、模板工程、垂直运输机械及建筑施工防火安全等六大部分内容。

施工现场管理与文明施工包括场容管理和卫生保健与环境保护。

土方工程包括土方工程安全规定、基坑工程和边坡工程。

脚手架工程包括扣件式钢管脚手架和附着式升降脚手架。

模板工程包括模板安装和模板拆除。

垂直运输机械包括塔式起重机和施工升降机。

建筑施工防火安全包括临时用房防火、在建工程防火、临时消防设施和防火管理。

 习 题

一、单项选择题

1. 施工现场主干道宽度不宜小于(　　　)。

A. 2 m   B. 2.5 m   C. 3 m   D. 3.5 m

2. 围挡高度应高于(　　　)m。

A. 1.5   B. 1.8   C. 2   D. 2.2

3. 每间宿舍居住人员不应超过(　　　)人。

A. 10   B. 13   C. 16   D. 20

4. 五牌一图不包括(　　　)。

A. 工程概况牌   B. 消防保卫牌   C. 文明施工牌   D. 施工图

5. 基坑开挖深度超过(　　　)时,周边必须安装防护栏杆。

A. 1.8 m   B. 2 m   C. 2.5 m   D. 3 m

6.当有(   )级强风及以上风、浓雾、雨或雪天气时应停止脚手架搭设与拆除作业。

A.五　　　　　　　　B.六　　　　　　　　C.七　　　　　　　　D.八

7.宿舍房间的建筑面积不应大于(   )m²。

A.15　　　　　　　　B.20　　　　　　　　C.30　　　　　　　　D.40

8.设置在地面上的临时疏散通道,其净宽度不应小于(   )m。

A.1.5　　　　　　　B.2　　　　　　　　C.2.5　　　　　　　D.3

9.临时消防设施的设置与在建工程主体结构施工进度的差距不应超过(   )层。

A.2　　　　　　　　B.3　　　　　　　　C.4　　　　　　　　D.5

10.每个动火作业点均应设置(   )个监护人。

A.1　　　　　　　　B.2　　　　　　　　C.3　　　　　　　　D.4

二、思考题

1.简述五牌一图与安全警示标志要点。

2.简述宿舍、办公用房的防火设计规定。

3.简述施工现场用火管理规定。

参考文献

[1] 郑惠虹. 建筑工程施工质量控制与验收[M]. 北京:机械工业出版社,2011.

[2] 白锋. 建筑工程质量检验与安全管理[M]. 北京:机械工业出版社,2006.

[3] 王波,刘杰. 建筑工程质量与安全管理[M]. 北京:北京邮电大学出版社,2013.

[4] 张平. 建设工程质量验收项目检验简明手册[M]. 北京:中国建筑工业出版社,2013.

[5] 张传红. 建筑工程管理与实务:案例题常见问答汇总与历年真题详解[M]. 北京:中国电力出版社,2012.

[6] 裴哲. 建筑工程施工质量验收统一标准填写范例与指南(上下册)[M]. 北京:清华同方光盘电子出版社,2014.

[7] 中华人民共和国住房和城乡建设部. 建筑工程施工质量验收统一标准:GB 50300—2013[S]. 北京:中国建筑工业出版社,2014.

[8] 中华人民共和国住房和城乡建设部. 建筑地基基础工程施工质量验收规范:GB 50202—2002[S]. 北京:中国计划出版社,2002.

[9] 中华人民共和国住房和城乡建设部. 地下防水工程质量验收规范:GB 50208—2011[S]. 北京:中国建筑工业出版社,2011.

[10] 中华人民共和国住房和城乡建设部. 混凝土结构工程施工质量验收规范:GB 50204—2015[S]. 北京:中国建筑工业出版社,2015.

[11] 中华人民共和国住房和城乡建设部. 砌体结构工程施工质量验收规范:GB 50203—2011[S]. 北京:中国建筑工业出版社,2012.

[12] 中华人民共和国住房和城乡建设部. 屋面工程质量验收规范:GB 50207—2012[S]. 北京:中国建筑工业出版社,2012.

[13] 中华人民共和国住房和城乡建设部. 建筑装饰装修工程质量验收标准:GB 50210—2018[S]. 北京:中国建筑工业出版社,2018.

[14] 中华人民共和国住房和城乡建设部. 建筑地面工程施工质量验收规范:GB 50209—2010[S]. 北京:中国计划出版社,2010.

[15] 中华人民共和国住房和城乡建设部. 建筑施工土石方工程安全技术规范:JGJ 180—2009[S]. 北京:中国建筑工业出版社,2009.

[16] 中华人民共和国住房和城乡建设部. 建筑基坑支护技术规程:JGJ 120—2012[S]. 北京:中国建筑工业出版社,2012.

[17] 中华人民共和国住房和城乡建设部. 建筑施工扣件式钢管脚手架安全技术规范:JGJ 130—2011[S]. 北京:中国建筑工业出版社,2011.

[18] 中华人民共和国住房和城乡建设部. 建筑施工起重吊装安全技术规范:JGJ 276—2012[S]. 北京:中国建筑工业出版社,2012.

[19] 中华人民共和国住房和城乡建设部. 建筑施工塔式起重机安装、使用、拆卸安全技术规程:JGJ 196—2010[S]. 北京:中国建筑工业出版社,2010.

[20] 中华人民共和国住房和城乡建设部. 建筑施工升降机安装、使用、拆卸安全技术规程:JGJ 215—2010[S]. 北京:中国建筑工业出版社,2010.